natürlich oekom!

Mit diesem Buch halten Sie ein echtes Stück Nachhaltigkeit in den Händen. Durch Ihren Kauf unterstützen Sie eine Produktion mit hohen ökologischen Ansprüchen:

- 100 % Recyclingpapier
- Verzicht auf Plastikfolie
- Kompensation aller CO_2-Emissionen
- kurze Transportwege – in Deutschland gedruckt

Weitere Informationen unter www.natürlich-oekom.de und #natürlichoekom

Bibliografische Information der Deutschen Nationalbibliothek:
Die Deutsche Nationalbibliothek verzeichnet diese Publikation in der Deutschen Nationalbibliografie; detaillierte bibliografische Daten sind im Internet über www.dnb.de abrufbar.

oekom – Gesellschaft für ökologische Kommunikation mbH
Goethestraße 28, 80336 München
+49 89 544184 – 200
www.oekom.de

Layout und Satz: Gereon Janzing
Korrektur: Silvia Stammen
Umschlaggestaltung: Laura Denke, oekom verlag
Umschlagabbildung: © Gereon Janzing
Druck: Esser printSolutions GmbH, Ergolding

ISBN 978-3-98726-052-0
https://doi.org/10.14512/9783987262821

Gereon Janzing

Naturschutz auf dem Teller

Warum Weideprodukte auf jeden Speiseplan gehören

Inhaltsverzeichnis

Vorwort

»Die Aufgabe des Menschen besteht im Bewahren und Schützen und nicht im Plündern und Ausrauben. [...] Ihm ist [...] eine Rolle bei der Aufrechterhaltung des Gleichgewichts in der Natur zugeteilt.«

John Seymour[1]

Wer jemals von Ökologie gehört hat, weiß, dass extensive Weiden wertvolle Ökosysteme sind, die Unterstützung verdienen. Und verantwortungsbewusste Menschen richten ihr Konsumverhalten nach solchen Erkenntnissen.

Johann Wolfgang von Goethe sagte: »Blumen sind die schönen Worte und Hieroglyphen der Natur, mit denen sie uns andeutet, wie lieb sie uns hat.« Ralph Waldo Emerson sagte: »Blumen sind das Lächeln der Erde.« Aber oftmals müssen wir auch etwas dafür tun, dass die Blumen da sind. Nicht nur in Gärten, auch in Landschaften, die viele unbedarfte Menschen für naturgegeben halten, die aber in Wahrheit auf dem Werk engagierter Menschen beruhen.

Als Geobotaniker und Agrarethnologe mit vielseitiger landwirtschaftlicher Erfahrung, sowohl zum Verkauf als auch zur Selbstversorgung, mit vielen Jahren Aktivität im ehrenamtlichen Naturschutz und mit kritischem Konsumverhalten fühle ich mich prädestiniert, den ökologischen Wert der Weidehaltung darzustellen. Meine Abschlussarbeit an der Universität behandelte die Nutztierhaltung. Da ich die Natur liebe und einen Bezug zu Tieren habe, stecke ich in derartige Themen immer wieder viel Herzblut, auch einen gewissen Idealismus.

Den Schwerpunkt lege ich auf Mitteleuropa. Daneben berücksichtige ich das Mittelmeergebiet mit besonderem Augenmerk auf den Balearen, da ich dort jahrelang auf eigene Faust forschte und auch imstande bin, die katalanische Fachliteratur zu lesen. Ein wenig behandle ich die ecuadorianischen Anden, wo ich im Rahmen meiner Abschlussarbeit an der Universität forschte.

Mein Anliegen, die Kommunikation zwischen Praktikern und Wissenschaftlern zu fördern, zeigt sich auch in der Literaturliste, wo sich

Artikel und Bücher aus der landwirtschaftlichen Praxis neben solchen aus verschiedenen Wissenschaften finden.

Zu ökologischen Themen liest man vieles, was nicht fundiert ist, da fast jeder mitreden will, auch ohne Ahnung. Laien stellen viele Zusammenhänge in extremer Vereinfachung und damit falsch dar. In Wahrheit sind ökologische Zusammenhänge so komplex, dass selbst Experten sie nicht in ihrer Gesamtheit überblicken. Auch die Landwirtschaft ist ein komplexes Thema, zu dem wir Wissenschaftler immer wieder von erfahrenen Praktikern lernen müssen.

Der Anblick bunter Wiesen erfreut die Herzen der meisten Menschen. Wenn ich erreiche, dass mehr Menschen Dankbarkeit gegenüber Hirten zeigen, habe ich ein schönes Ziel erreicht. Ich finde es schön, wenn ich an einem Schäfer oder sonstigen Hirten vorbeikomme, ihm für seinen Beitrag zur Landschaftspflege Dank auszusprechen. Diese wichtigen Menschen müssen unbedingt wissen, dass sie wertgeschätzt werden. Wer die Hirten nicht ehrt, ist das Grünland nicht wert.

Selbstverständlich sind mit den generischen Maskulina immer auch Frauen mit gemeint. Ich habe schon etliche großartige Hirtinnen kennen gelernt.

Gereon Janzing

Ein paar einführende Worte zur Biodiversität

»Bei allen biologischen Fragen der Landwirtschaft sollte man immer wieder die Natur zu Rate ziehen.«

Bernd Andreae[2]

Naturschutz und Landschaftspflege

Als ich im BUND-Arbeitskreis Naturschutz aktiv war, betreuten wir nicht nur Krötenwanderungen, wir betrieben auch Biotoppflege. Wir pflegten Kulturlandschaften, mageres Grünland, etwa eine Streuobstwiese. Hat so eine ehrenamtliche Pflege Zukunft?

Immer mehr macht sich die Erkenntnis breit, dass Naturschutz großflächig nur mit Bewirtschaftung möglich ist. In Naturschutzgebieten ist Landwirtschaft mit bestimmten Maßgaben erlaubt. Die erwünschte Landschaftspflege können Ehrenamtliche oft nicht alleine bewältigen. Ihnen fehlen die Maschinen und die Verwertungsmöglichkeiten für Schnittgut. Oft werden Schafe oder Ziegen, auch Rinder gewisser Rassen wie Schottische Hochlandrinder zur Landschaftspflege eingesetzt. Hier ist Zusammenarbeit mit Landwirten unabdingbar, da Ehrenamtliche selten das nötige Wissen für den Umgang mit den Tieren haben.

Sehr artenreich sind Magerweiden, also nährstoffarme, insbesondere stickstoffarme Weiden, die auf Bewirtschaftung angewiesen sind. Extensive Schafweiden sind Refugien für seltene Pflanzen- und Tierarten. Das werde ich im Folgenden näher analysieren. Auch auf Streuobstwiesen – deren ökologischer Wert hinlänglich bekannt sein sollte – ist Beweidung möglich und empfehlenswert, insbesondere mit Schafen.

Hier möchte ich mich auf keinen Fall so verstanden wissen, als wäre Weidewirtschaft die Antwort auf alle Probleme der Menschheit. Sie ist ein wertvoller Mosaikbaustein für die Vielfalt der menschlichen Lebensweisen, für die Schönheit der von Menschen überformten Natur und letztlich auch für Natur- und Klimaschutz.

Öfters hört man, die Natur könne ohne den Menschen existieren. Das ist richtig, aber ohne praktische Relevanz, da wir ja die Menschen nicht ausrotten wollen. Also sprechen wir doch darüber, wie der Mensch so wirtschaften kann, dass die Natur mehr Nutzen als Schaden davon hat.

Grünland

Dass Grünland mehr Artenvielfalt aufweist als Äcker, sollte weithin bekannt sein. Dort sind viel mehr Springschwänze, Regenwürmer und Fadenwürmer im Boden, sowohl mehr Arten als auch mehr Individuen. Es bietet einer Vielfalt an Insekten Lebensraum. Zudem schützt Grünland besser vor Bodenabtrag[3] als Ackerland.

Grünland entstand früher (in umstrittenem Ausmaß) auch in Europa durch wilde Grasfresser wie Bison und Auerochse. Heute ist es auf Bewirtschaftung angewiesen. Wenn Grünland weder beweidet noch gemäht wird, verschwindet es.

Was zeichnet Grünland im Vergleich zu Äckern aus? Auf Äckern findet heute fast durchweg Monokultur statt. Mischkulturen werden heute bei maschineller Bearbeitung des Ackers kaum praktiziert, am ehesten im Futterbau. So gibt es oft einen Schädlingsdruck, dem man mit Chemikalien beizukommen versucht. Auch unerwünschte Beikräuter müssen bekämpft werden. Bisweilen werden Felder, wie beim Spargel, mit Folie abgedeckt, dann sind sie als Ökosysteme praktisch wertlos. So ist man als Naturschützer gut beraten, Spargel zu meiden oder auf einen Anbau ohne Folie zu achten.

Grünland dagegen ist immer Polykultur, das heißt, es ist ein Miteinander vieler Nutzpflanzenarten. Die Gunst des Standortes entscheidet über die Artenzusammensetzung. Daher muss man meist nicht wie auf Äckern konkurrenzschwache Arten vor konkurrenzstarken schützen. Die Verwundbarkeit von Grünland ist geringer als die von Äckern mit Monokultur. Zum Anbau ist viel weniger Einsatz von Maschinen und fossilen Brennstoffen nötig.

Pestizide werden im Grünland im Allgemeinen nicht eingesetzt, da Insekten und andere pflanzenfressende Kleintiere zwar einzelne Arten schädigen, aber selten den gesamten Bestand. Herbizide setzt man stellenweise gegen giftige Problemunkräuter wie Jakobs-Greiskraut (Jakobs-Kreuzkraut, *Senecio jacobaea*) oder Germer (*Veratrum album*) ein. In der biologischen Landwirtschaft sind Herbizide in EU und Schweiz gänzlich verboten, nicht aber in Australien.

Während Äcker meist einjährig bestellt werden und auch viele Beikräuter einjährig sind, ist Grünland in der Regel eine Dauerkultur. Die meisten Pflanzen des Grünlandes sind mehrjährig. Je magerer oder trockener der Boden und folglich lockerer die Vegetation ist, umso mehr können sich auch Einjährige durchsetzen. Im Mittelmeergebiet spielen Einjährige im Grünland eine viel größere Rolle als in Mitteleuropa. Aufgrund der Artenvielfalt treten auch keine Ermüdungserscheinungen der Phytozönose auf. So kann Grünland jahrhundertelang als Dauergrünland, also ohne Einbindung in eine Fruchtfolge, genutzt werden und dabei eine reiche Humusschicht aufbauen.

Weiden versus Mähwiesen

Bei der floristischen Zusammensetzung von Weiden und Mähwiesen überwiegen die Gemeinsamkeiten.

Allerdings kommen manche Pflanzen auf Mähwiesen nicht zum Blühen, da sie vor der Blüte abgemäht werden. So haben Nektar- und Pollenfresser auf Weiden ein größeres Angebot. Hierzu gehören außer der Honigbiene vor allem Wildbienen und Schmetterlinge, auf einigen Blüten auch Käfer und Schwebfliegen, was in späteren Kapiteln noch zu behandeln sein wird.

Manche Pflanzen sind an den Mährhythmus angepasst. So blühen etwa die Wilde Möhre (*Daucus carota*) und die Kohl-Kratzdistel (*Cirsium oleraceum*) meist zwischen der ersten und der zweiten Mahd. Die Herbstzeitlose (*Colchicum autumnale*) treibt Blätter und Früchte vor der ersten Mahd und blüht nach der zweiten Mahd. Aber diese Pflanzen kommen auch auf Weiden vor.

Gehölze vertragen keine Mahd, können auf Mähwiesen also nur bleiben, wo man sie bewusst stehen lässt. Auf Weiden können sie sich auch ungewollt durchsetzen.

Eine andere Vegetation haben natürlich abgeerntete Äcker, die mancherorts von Tieren nachgeweidet werden, sodass diese etwa die auf dem Acker verbliebenen vegetativen Teile des Maises (*Zea mays*) fressen können und nebenher den Acker fürs nächste Jahr düngen. Hier ist Ackervegetation zu finden, auf die ich in diesem Rahmen nicht näher eingehen kann.

Agrobiodiversität

> »Mit der völligen Aufgabe der Vielfalt von Wild- und Zuchtsorten wäre [...] ein gefährlicher Verlust [...] der Genreservoire der Arten verbunden (Generosion). Auf diese muss aber bei veränderten Umweltanforderungen oder/und bei neuen Zuchtzielen zurückgegriffen werden können, zumal die gesamte Palette ihrer genetischen Potenzen noch gar nicht bekannt ist.«
>
> Hans Joachim Müller[4]

Zur Agrobiodiversität gehört, dass Ackerbau und Nutztierhaltung gut zusammenarbeiten. Innerhalb der Nutztierhaltung gehört dazu ein Reichtum verschiedener Arten, aber auch ein Reichtum an Rassen derselben Art.

John Seymour fasst das aus praktischer Sicht gut zusammen: »Schon bei den Feldfrüchten habe ich dir von Monokultur abgeraten. Auch jetzt empfehle ich dir dringend, mehrere Tierarten zu halten. Tiere ergänzen sich gegenseitig auf natürliche Weise.«[5] Agrobiodiversität findet nicht nur innerhalb eines Betriebes statt, sondern auch im Zusammenspiel vieler Betriebe.

Die Vielfalt an Nutztierrassen bietet ein wichtiges genetisches Potenzial. Extensivrassen – wie bei Rindern beispielsweise das Rätische Grauvieh, der Hinterwälder und der lokal sehr begrenzte Murnau-Werdenfelser – existieren am ehesten dank der extensiven Weidewirtschaft. Bei Intensivhaltung setzen sich immer mehr die Hochleistungsrassen durch, die mehr von Kraftfutter leben.

Unter den Bewahrern seltener Rassen gibt es den Spruch: »Wer eine Rasse bewahren will, muss sie essen.« Es ist unbestreitbar, dass sich eine Nutztierrasse auf die Dauer nur halten kann, wenn sie wirtschaftlichen Nutzen bringt. Ein dogmatischer Verzicht auf Tierprodukte (etwa weil ein Bekenntnis zum Vegetarismus Fleisch verbietet oder ein Bekenntnis zur Makrobiotik Milch verbietet) fällt also den Bemühungen um Erhaltung genetischen Potenzials genauso in den Rücken wie das Streben nach allumfassender Intensivierung.

Hinterwälder in den Alpen

Als Beispiel für eine Extensivrasse soll hier kurz der Hinterwälder vorgestellt werden. Im Schwarzwald gibt es zwei heimische Rinderrassen, den Vorderwälder und den Hinterwälder, beide auch als Wäldervieh zusammengefasst. Der Hinterwälder ist die kleinste Rinderrasse Deutschlands, gibt relativ wenig Milch, aber mit einem recht hohen Fettgehalt. Er ist für Leistungszucht nicht geeignet. Dafür ist er besonders geländegängig, läuft sogar in Fallrichtung des Hanges. Damit ist er für Gebirgsgegenden geeignet, die für schwerere Rassen kaum brauchbar sind und für Ackerbau schon gar nicht.

In den 1960er Jahren stand der Hinterwälder kurz vor dem Aussterben. So gab es Überlegungen, ihn mit dem Vorderwälder zu einer Rasse zusammenzufassen. Letztendlich entschied man sich dagegen und führte sie weiter als zwei getrennte Rassen. Mittlerweile hat sich der Bestand erholt. Im Schwarzwald gibt es nach wie vor weniger Hinterwälder als Vorderwälder. Aber in den Alpen erfreuen sich Hinterwälder heute großer Beliebtheit, weil sie in Bergregionen am Rande der Ökumene (vgl. das Kapitel über Subökumene) gut einsetzbar sind. So sieht man, dass sich die Erhaltung der Rasse gelohnt hat.

Raupe des Wolfsmilchschwärmers auf Zypressen-Wolfsmilch auf einer Kuhweide

Hirtenwesen und Nutztierhaltung auf der Erde

Wie es anfing: die Neolithische Revolution

Was man heute als Neolithische Revolution bezeichnet, war der Übergang von der herumschweifenden Lebensweise zur Sesshaftigkeit und damit auch von der Wildbeuterei, also von Jagd und Sammeltätigkeit, zu Ackerbau und Nutztierhaltung. In wirtschaftsethnologischer Terminologie: von der aneignenden zur kultivierenden Wirtschaftsweise. Dies begann vor rund 10.000 Jahren in Mesopotamien, innerhalb eines Gebietes, das heute als Fruchtbarer Halbmond bezeichnet wird.

Heutzutage ist die Erde so dicht bevölkert, dass wir nicht mehr nur noch aneignend wirtschaften können. Das Sammeln von Heidelbeeren und Steinpilzen liefert nur noch ein geringes Zubrot. Wir kommen heute um aktive Nahrungsproduktion in Form von Ackerbau und Nutztierhaltung nicht mehr herum. Im Prinzip gehört auch die heutige Jagd zur kultivierenden Wirtschaftsweise, da Gämsen, Rehe und andere gehegt werden.

In den Anfängen war kein Futterbau vonnöten. Die Tiere fraßen ihr Futter in der Natur. Die Domestikation von Ziege, Schaf und Rind markiert den Beginn der Weidewirtschaft, in Südamerika die Domestikation von Lama und Alpaka.

Mobile Tierhaltung

»Mehr als jede andere Lebensformgruppe dürfte der Nomadismus stets Auf- und Niedergang, Wandel und Veränderung unterlegen sein.«

Fred Scholz[6]

Das Wort Nomadismus bezeichnet in der Umgangssprache oft jegliche nicht sesshafte Lebensweise. In der Fachsprache ist Nomadismus – gemäß der griechischen Etymologie des Wortes – an Weidetierhaltung geknüpft. Wenn man von Hirtennomadismus oder Pastoralnomadismus (von lateinisch *pastor* »Hirte«) spricht, ist das eine tautologische Erweiterung, macht aber die Verhältnisse unmissverständlicher. Nomaden ziehen nach den Bedürfnissen ihrer Herden und sind entsprechend anpassungsfähig. In Gebieten und Zeiten mit unzuverlässigem Regen können sich Nomaden besser anpassen als Ackerbauern oder Tierhalter mit Dauerbeweidung.

Der Politik der Länder sind Nomaden oft ein Dorn im Auge, weil sie nicht so leicht zu kontrollieren sind wie die sesshafte Bevölkerung. Deshalb wird vielfach behauptet, Nomadismus sei rückständig. Die Nomaden haben keine starke Lobby, die sich für ihre Rechte und ihr Ansehen einsetzt. Dennoch ist mobile Tierhaltung vielerorts die angepassteste Wirtschaftsform.

Auch Landwirte, die als modern gelten wollen, sehen bisweilen das Hirtenwesen als Anachronismus an. Hier fehlt es grundlegend an ökologischem und kulturhistorischem Verständnis.

Vollnomadismus

Man spricht auch von Vollnomadismus, wenn die Menschen nur von der Tierhaltung leben und – im Unterschied zu den Halbnomaden – keinerlei Bodenbau betreiben.

Die arabischsprachigen Nomaden (Voll- und Halbnomaden) Nordafrikas und Südwestasiens werden Beduinen genannt. Die Vollnomaden haben Kamele, die Halbnomaden Ziegen und Schafe.

Typische Nomaden gab es auch in Zentralasien, etwa die Kirgisen und Kasachen mit Pferden, Schafen und Kamelen, erstere regional auch mit Yaks. Die Tiere wurden gemolken, Stutenmilch spielt in zentralasiatischen Kulturen ein wichtige Rolle.

Im Grunde sind auch Imker, die ihr ganzes Leben im Lastwagen von einer Bienenweide zur anderen ziehen (wie es in Australien und den USA vorkommt), dem Nomadismus zuzuordnen.

Die nordamerikanische Bisonjägerkultur, die sich mit der Einführung des Pferdes entwickelte und nur gut 100 Jahre existierte und die dennoch unser Klischeebild des Indianers geprägt hat, war zwar nicht nomadisch, wies aber einige Parallelen zum Nomadismus auf. Auch hier zogen Menschen mit weidenden Tieren nach deren Bedürfnissen. Nur waren die Bisons (*Bison bison*) nicht domestiziert, sondern zogen wild durch die Lande.

Halbnomadismus und Transhumanz

Halbnomadismus und Transhumanz werden in der Literatur oft nicht streng unterschieden, vor allem nicht in der englischsprachigen Literatur. Es sind aber unterschiedliche Formen der mobilen Tierhaltung. Halbnomaden betreiben neben der Wandertierhaltung auch noch Bodenbau. Halbnomadismus findet man insbesondere in nordafrikanischen und asiatischen Gebirgen, bevorzugt mit Schafen und Ziegen.

Transhumanz hängt dagegen von entlohnten Hirten ab, die saisonal oder ganzjährig mit den Tieren durch die Lande ziehen. Im Tal wird Bodenbau betrieben, während die Tiere saisonal in die Berge ziehen.

Im Mittelmeergebiet ist die Transhumanz mit Schafen und Ziegen eine wichtige Wirtschaftsform, die ausgedehnte Ökosysteme geschaffen hat. Auch unter den Berbern in Nordafrika gibt es Transhumanz.

Ebenso gehört die mitteleuropäische Wanderschafhaltung zur Transhumanz. Deren ökologische Bedeutung wird uns noch öfters begegnen. Aufgrund der geringen Einkünfte gibt es immer weniger Schäfer. Man braucht für diesen Beruf heute viel Liebe zu Natur und Tieren und wohl auch eine gewisse Portion Idealismus.

Während mobile Nutztierhaltung im vorkolonialen Amerika unbekannt war, haben die Saraguros im Süden Ecuadors eine Form des Halbnomadismus entwickelt, und zwar nur mit Tieren, die von Spaniern eingeführt worden sind.[7] Als Halbnomaden betreiben sie auch Anbau, etwa von Mais, Bohnen und Weizen.

Alp- oder Almwirtschaft

In der Schweiz und Vorarlberg sagt man Alp oder Alpe, im größten Teil Österreichs und in Bayern sagt man Alm. Es handelt sich um nur saisonal bestoßenes Gebirgsweideland mit zugehörigen Gebäuden. Die Tiere sind dort in der Regel in der Obhut entlohnter Hirten. Die Personen, die die Alp bewirtschaften, nennt man Älpler. Früher waren es meist Familienmitglieder, heute sind es oftmals fremde Personen, nicht selten sogar Städter, für die das ein Ausstieg auf Zeit[8] ist. Im alpischen[9] Winter sind die Tiere zumeist im Stall.

In der Schweiz gingen traditionell die Kühe zur Alp, während die Ziegen täglich vom Dorf aus mit einem Hirten (dem Dorfgeißenhirten) in die Berge begleitet wurden. Stellenweise ist das bis heute so. Aber häufiger gehen heute die Ziegen auch zur Alp. Für Rindvieh muss man die Weide zäunen. Ziegen laufen dagegen eher frei in den Bergen herum, zum Teil mit Hirten.

Man melkt die Kühe oder Ziegen. Oft wird die Milch auf der Alp zu Käse und Butter verarbeitet. Der Käser wird Senn genannt. Es gibt aber auch Alpen, von denen die Milch mit einer Pipeline oder einem Milchwagen ins Tal zu einer Käserei befördert wird.

Es gibt auch Galtviehalpen, Alpen mit Tieren, die keine Milch geben. Das können Jungrinder oder Mastrinder sein. Auch Schafalpen gibt es. (Milchschafe sind auf der Alp selten.) Immer mehr gibt es auch Mutterkühe mit ihren Kälbern, und auch diese gehen im Sommer zur Alp.

Besiedelung und Inwertsetzung der Subökumene

In Geografie und Kulturökologie bezeichnet man die Teile der Erdoberfläche, die besiedel- und bewirtschaftbar sind, als Ökumene. Die Gebiete, die nur bedingt besiedel- und nutzbar sind, heißen Subökumene. Diese Subökumene ist vielfach nur mit Weidetieren in Wert zu setzen, insbesondere nomadisierend.

Zur Subökumene gehören trockene Wüstengebiete, die weithin nur für nomadische Tierhaltung geeignet sind, am ehesten mit Kamelen.

Ohne diese Tiere wäre das Inwertsetzungspotenzial praktisch gleich null, und die Menschen müssten woanders leben.

Subökumene findet man auch im Gebirge. In den Hochlagen der Alpen kann man, je nach Höhe, wenig anbauen und meist kaum lukrativ, sodass dort Weidewirtschaft eine angemessenere Inwertsetzung ist, v. a. wenn die Infrastruktur da ist, um pflanzliche Nahrungsmittel aus tieferen Lagen zu beschaffen. Auch in den Anden sind die Hochlagen (in Ecuador ab etwa 4000 m) nur für Weidewirtschaft geeignet und wurden nur von Tierhaltern besiedelt. Dank den Tieren können Menschen in Hochlagen ausweichen, was ein Pufferpotenzial für soziale Konflikte bedeutet. Ähnliches gilt für andere Gebirge wie den Himalaya.

Ziegen im norwegischen Winter

Auch in der Arktis ist Ackerbau kaum möglich. Dort leben die Menschen von Jagd und Weidehaltung. Stellenweise spielt das Rentier eine große Rolle. In Norwegen gibt es Gebirgsgegenden, die nur durch Ziegen sinnvoll zu nutzen sind, im Sommer auch mit Alpwirtschaft. Man nutzt Milch, Fleisch und Leder.[10]

Wir sehen also, dass dank Weidehaltung Gebiete besiedelt werden können, die sonst nicht als menschlicher Lebensraum zur Verfügung stünden. Wo Weidewirtschaft in der Vollökumene die sinnvollste Inwertsetzung ist, muss man differenziert betrachten unter Berücksichtigung der jeweiligen natürlichen, sozioökonomischen und infrastrukturellen Standortfaktoren.

Weidehaltung in den feuchten Tropen

Die feuchten Tropen sind diejenige Zone mit der höchsten Nettoprimärproduktion, also dem meisten Pflanzenwachstum. Hier steht von Natur aus Regenwald. Es mag paradox erscheinen, dass nach dem Entwalden das Pflanzenwachstum eher gering ist.

Im feuchttropischen Klima wird Humus schnell abgebaut, sodass der Boden eine geringe Fähigkeit hat, Pflanzennährstoffe einzulagern. Hinzu kommt, dass bei der Bodenbildung andere Tonminerale entstehen als in den Mittelbreiten: In diesen letzteren sind es Dreischicht-Tonminerale, die beispielsweise Kalium und Ammonium gut anlagern können. (In bodenkundlicher Fachterminologie haben sie eine hohe Kationenaustauschkapazität.) In den feuchten Tropen dagegen entstehen hauptsächlich Zweischicht-Tonminerale, die viel weniger dieser Nährstoffe anlagern können. Daher sind baumlose Böden der feuchten Tropen arm an pflanzenverfügbaren Nährstoffen.

Im tropischen Regenwald sind es die lebenden Organismen, die einen Großteil der Nährstoffe im Boden speichern, insbesondere die Baumwurzeln. Das heißt, um die Nährstoffe zu bewahren, müssen auch die Bäume bewahrt werden.

Wenn für Weideland große Flächen entwaldet werden, sinkt die Nettoprimärproduktion ganz beträchtlich. Anders als in den Mittelbreiten ist dies kaum reversibel. Es werden große Flächen benötigt, um genug Gras zu haben. Die feuchten Tropen sind denkbar ungeeignet für reine Weideflächen, ebenso wie für reines Ackerland. Soja wird meist in trockeneren Gebieten angebaut.

Eine nachhaltige Nutzung in Form von Weide ist in den feuchten Tropen als Stockwerkswirtschaft machbar: Man lässt etliche Bäume stehen, pflanzt eventuell noch nutzbare Sträucher wie etwa Kaffee dazwischen und lässt unter diesen Tiere weiden. Ähnliche Stockwerkswirtschaft wird auch zum Ackerbau praktiziert.

Massentierhaltung

Heute wird viel von »Massentierhaltung« gesprochen. Allerdings ist das kein klar definierter Begriff, sondern oft eher ein Kampfbegriff. Manche gehen bei der Abgrenzung der Massentierhaltung von der Anzahl der Tiere aus, auch im Verhältnis zur Fläche, andere vom Anteil zugekauften Futters, wieder andere von der Intensität und der Technisierung des Betriebes. Viele landwirtschaftsferne Leute aber verwenden den Begriff als Schlagwort, ohne überhaupt einen Gedanken an eine Definition zu verschwenden.

In Deutschland und anderen Ländern werden landwirtschaftliche Betriebe im Durchschnitt immer größer, das ist keine Frage. Ob das im Sinne von Umwelt und Tierwohl ist, mag man im Einzelfall hinterfragen. Großbetriebe sind nicht nötig tierfeindlich. Für viele Landwirte ist die Ausweitung des Bestandes schlicht eine Überlebensfrage. Sie bekommen heutzutage immer weniger für ihre Produkte. So gab es Anfang 2020 in Spanien große Demonstrationen von Landwirten, weil sie vom Exportpreis ihrer Produkte weniger als ein Zehntel bekommen. Dass der Handel auch etwas verdienen muss, steht außer Frage, aber hier stimmen die Relationen ganz offensichtlich gar nicht mehr. Die meisten politischen Parteien ignorierten diese Demonstrationen.

Da es vorkommt, dass Großabnehmer für Milch die Erzeuger zwingen, vom Anbindestall auf einen Laufstall umzustellen, stehen diese dann vor großen Problemen. Ein Stallneubau ist kostenintensiv. Das führt bei Kleinbauern oft zur Betriebsaufgabe. Einige Viehhalter bauen neue Ställe und erweitern ihren Viehbestand, damit sich die Investition lohnt. Man mag über Vor- und Nachteile von Anbindehaltung oder Laufstallhaltung diskutieren, sollte aber auch realistisch sehen, was sich im Einzelfall machen lässt.

Auch bei Großbetrieben kommt Weidehaltung vor. Dabei muss man differenzieren, ob es wirklich eine lange Weidesaison gibt oder ob es eher alibimäßig ein wenig Weide zur vorherrschenden Stallhaltung gibt, und wie intensiv die Beweidung ist. Wichtig ist auch die Frage, wie weit die Tiere sich von Gras ernähren oder mit viel energieintensiv erzeugtem, meist weder artgerechtem noch umweltfreundlichem Kraftfutter zu Hochleistungen gebracht werden.

Bei der Stallhaltung fallen immer Kot und Urin an. Bei einem guten Management werden diese als Dünger genutzt. Besonders bei Großbetrieben fällt aber mehr an, als in der Umgebung sinnvoll verwendet werden kann. So gelangt manchmal eine bedrohliche Menge ins Grundwasser oder in die Gewässer und führt zur Hypertrophierung, ein Faktor, der dem Ruf der Nutztierhaltung schadet. Leider differenzieren viele landwirtschaftsferne Meinungen nicht zwischen den verschiedenen Wirtschaftsformen.

Gras versus Kraftfutter

Wiederkäuer sind von Natur aus auf Gras als Hauptnahrung ausgerichtet. Bei Gras sind sie sehr gute Futterverwerter. Bei konzentrierter Nahrung wie Getreide oder Soja sind sie keine guten Futterverwerter. Das kann man also eventuell als Ressourcenverschwendung ansehen.[11]

Als Grundration bekommen sie als Nutztiere vor allem Gras. Die Leistungsration enthält meist auch Kraftfutter. Der Unterschied zwischen den Betrieben liegt in der Gewichtung. Mancherorts bekommen sie nur ein wenig Kraftfutter als Lockmittel, etwa im Melkstand. Zum Teil sind es Pflanzen oder deren Reste, zum Teil sind es industriell gefertigte Pellets.

Wie sinnvoll das Kraftfutter aus ökologischer Sicht ist, hängt von vielen Parametern ab. Wenn das Kraftfutter extra für die Tiere angebaut wird, ist es hinterfragenswürdiger, als wenn sie Abfälle und Ausschussware bekommen. Der Anbau von Mais, Gerste, Futterrüben oder Raps kann die Tiere durch den Flächenbedarf zu Nahrungskonkurrenten der Menschen machen. Die Verfütterung von Ausschussgetreide aus dem Anbau von Brotgetreide, von Biertreber und von Pressrückständen von Zuckerrüben lässt sich als sinnvolle Ressourcennutzung praktizieren.

Manchmal verfüttert man Brot, das man nicht mehr essen mag, etwa weil es vertrocknet ist und man nicht genug Fantasie hat, trockenes Brot zu verwerten. Dabei ist Vorsicht angesagt, das darf nie in großen Mengen geschehen. Ich habe erlebt, wie eine Ziege, die zu viel Brot gefressen hatte, daran qualvoll verendete, weil Menschen es zwar gut mit den Ziegen meinten, aber nicht gut genug, um sich im Voraus nach ihren Bedürfnissen zu erkundigen.

Soja ist besonders fragwürdig, wenn man die gesamten Bohnen verfüttert. Meist aber verfüttert man nur Sojaextraktionsschrot, der bei der Gewinnung von Sojaöl für minderwertige Nahrungsmittel wie Margarine und für technische Zwecke übrigbleibt. Wer Margarine aus Sojaöl isst, unterstützt damit die Sojafütterung der Nutztiere. In Deutschland wird auch dieser Schrot immer weniger für Wiederkäuer verwendet, eher für Schweine und Hühner.

Futterbau kann allerdings auch sinnvoll in eine Fruchtrotation eingebaut werden und damit den menschlichen Nahrungsmitteln zugute kommen. So können Futterleguminosen (auch als Hafer-Erbsen-Gemisch, zum Begriff der Leguminosen vgl. das Kapitel über Schmetterlingsblütler) den Acker für darauffolgende Kulturen mit Stickstoff versorgen.

Kraftfutter erhöht die Milchmenge und den Fleischzuwachs. Für die Gesundheit der Tiere und die Produktqualität ist das Kraftfutter nicht unbedingt förderlich. Falls der Lebensmittelchemiker Udo Pollmer recht hat, führt Soja wegen der darin enthaltenen weiblichen Hormone zu Zyklusstörungen, bei Kühen wie bei Menschen. Bei Ziegen ist gut beobachtbar, wie bei erhöhter Kraftfuttergabe der Kot klebriger wird als Hinweis auf schlechtere Verdauung. Mir ist ein Fall bekannt, wo Ziegen industrielles Kraftfutter bekamen, das für Kühe gedacht war, und daran starben. Kraftfuttergaben sollten wohlüberlegt sein.

Nutztiere in der biologischen Landwirtschaft

Wenn man von biologischer oder synonym ökologischer Landwirtschaft spricht, haben diese Wörter Sonderbedeutungen, die in Richtlinienkatalogen festgelegt sind. Im eigentlichen Sinn beruht jede Landwirtschaft auf biologischen und ökologischen Prozessen.

Es gibt verschiedene Verbände, die Zertifikate verleihen. Ein Zweig ist die biologisch-dynamische Landwirtschaft mit dem Markenzeichen Demeter. Sie ist umstritten wegen ihres anthroposophischen Hintergrundes, der von Naturwissenschaftlern als esoterischer Hokuspokus abgelehnt wird. Es gibt Alternativen wie Bioland und Naturland, die nicht so esoterisch ausgerichtet sind. Abseits der Esoterik hat Demeter aber auch viele konstruktive Ansätze. Es ginge zu weit, das hier im Detail zu behandeln.

Die biologische Landwirtschaft steht im Ruf, besonders umweltfreundlich zu sein. Das ist zumindest eine Tendenz. Man kann nicht pauschalisieren, dass sie grundsätzlich umweltfreundlicher wäre als andere Landwirtschaft, die man oft als »konventionell« bezeichnet. Es gibt öfters einen ideologischen Schlagabtausch zwischen Biokunden und konventionellen Kunden. Unter den Erzeugern sind heute meist nicht mehr so ausgeprägte Feindseligkeiten zu spüren. Biologische und konventionelle Erzeuger respektieren sich heute bedeutend mehr, als es etwa in den 1970er Jahren der Fall war. Die Biolandwirte haben mittlerweile viel dazugelernt und sind realistischer geworden. Bioläden dagegen sind heute oft stark auf eine snobistische Kundschaft ausgerichtet. Der Bezug zur biologischen Landwirtschaft lässt bisweilen zu wünschen übrig.

Die Richtlinien der biologischen Landwirtschaft schreiben erst neuerdings Weidehaltung vor. Die in diesem Werk beschriebenen Ökosysteme hängen weniger davon ab, ob man biologisch wirtschaftet, als vielmehr davon, ob man Weidehaltung betreibt und wie diese aussieht. Da die Wanderschäferei meist keine Kontrolle über die sonstige Bewirtschaftung der Flächen hat, kann sie in der Regel nicht als biologisch anerkannt werden.

Wichtig ist in der biologischen Landwirtschaft – und nicht nur in dieser – ein gutes Miteinander von Ackerbau und Nutztierhaltung. Das muss nicht im selben Betrieb sein, da sich ein Betrieb nach seinen ökologischen Gegebenheiten richten muss und auch historische und persönliche Faktoren eine Rolle spielen. In Gebieten, wo Weidehaltung die beste Inwertsetzung ist, muss man nicht Ackerbau betreiben. Aber man arbeitet mit Ackerbaubetrieben zusammen. Im Stall nutzt man oft Stroh von Getreidebaubetrieben. Im Getreide- und Gemüsebau wird meist kompostierter Stallmist als Dünger genutzt.

Ich arbeitete einige Jahre auf biologischen Gemüsebaubetrieben. Wir hatten keine Nutztiere und kauften den kompostierten Mist zu, hingen also von der Nutztierhaltung ab. Wenn dogmatische Sektierer gegen die Nutztierhaltung ankämpfen, fallen sie damit auch der biologischen Landwirtschaft gehörig in den Rücken. Nutznießer ist allenfalls die industrialisierte Landwirtschaft.

Da heute der Klimaschutz in aller Munde ist, bleibt es nicht aus, dass eine diesbezügliche Ideologie absurde Blüten treibt und auch zur Verunglimpfung der biologischen Landwirtschaft genutzt wird. Unter der Prämisse, dass die Schuld am Klimawandel nicht bei den fossilen Brennstoffen, sondern bei den Wiederkäuern liegt, wird behauptet, biologische Milch sei klimaschädlicher als andere Milch, weil die Kühe der ersteren weniger Milch geben und deshalb pro Liter Milch mehr Methan freisetzen. Zu diesen Rechenspielchen mehr im Kapitel über Methan.

Beziehung der Tierhalter zu ihren Tieren

Nutztierhalter tragen einige Verantwortung für ihre Tiere und haben oft eine gute Beziehung zu ihnen. Ihr Wohl liegt ihnen aus naheliegenden Gründen am Herzen. Das gilt nicht nur in der Weidewirtschaft, sondern auch in der Stallhaltung. Aber Hirten haben ständigen Kontakt zu ihren Tieren; im Stall ist der Kontakt meist eher aktivitätsgebunden, etwa beim Melken, sofern das nicht ein Melkroboter macht.

Tierhalter müssen ein Gespür dafür haben, wo es den Tieren am besten geht. Sie können sie nicht einfach immer auf die Weide zwingen. Wenn es heiß ist, geht es ihnen im Stall besser. Bei nassem Boden können die Klauen leiden. Das Problem ist in vielen modernen Betrieben nicht gegeben, weil die Tiere selbstständig zwischen Stall und Weide wechseln können. Dazu muss die Weide direkt beim Stall sein. Vor allem in Realteilungsgebieten ist der Stall bisweilen weit vom Grünland entfernt, so kann dort das System nicht so einfach umgesetzt werden.

Wenn Leute sagen, es ginge den Tierhaltern nur ums Geld, dann tut das sehr weh. Das zeugt von extremer Uneinfühlsamkeit, verdient man doch in vielen anderen Branchen viel mehr. Das sagen dann Leute mit festem Einkommen bei einem 8-Stunden-Tag und freiem Wochenende. Auf der Alp habe ich erlebt, dass wir täglich 14 Stunden und mehr arbeiteten, sonntags oft ein bisschen weniger. So etwas macht niemand nur wegen des Geldes. Dafür muss man schon die Tiere lieben.

Selbstverständlich müssen Landwirte auch Geld verdienen und wirtschaftlich denken, um zu überleben. Aber wenn das ihr Hauptinteresse wäre, hätten sie andere Berufe. Wer keine Verantwortung für die Tiere hat, kann leicht daherreden, was alles nicht gut ist. Solange Kritiker nicht selber Verantwortung übernehmen und etwas besser machen, kann man ihre Kritik getrost in den Wind schlagen.

Auch wenn Großstädter meinen, sie müssten den Nutztierhaltern Nachhilfe im Tierwohl geben, dann sind die Rollen vertauscht. Wer kennt denn die Bedürfnisse der Tiere: die Halter, die täglich mit ihnen arbeiten, oder Großstädter, die die Tiere nur aus dem Internet kennen und höchstwahrscheinlich stark vermenschlichen? Mit Tieren unerfahrene Leute, die Tieren ihre Vorstellungen vom »Tierwohl« aufzwingen, erzeugen oft viel Tierleid, bis hin zum Tod der Tiere. Es kann doch niemand im Ernst wollen, dass unerfahrene Leute, oft noch mit Bambisyndrom, mitreden, wenn es ums Tierwohl geht!

In traditionellen Tierhaltergesellschaften sind die Tiere oft auch Statussymbol. Unter den ostafrikanischen Maasai zum Beispiel sind die Hirtenarbeiten prestigeträchtig, während alle anderen Arbeiten als minderwertig gelten. Das kann zu einer Ausweitung des Tierbestandes jenseits der ökologischen Tragfähigkeit führen.

Ist Weidewirtschaft nachhaltig?

Das Wort »Nachhaltigkeit« ist heute in aller Munde. Selbst Banken und Kreuzfahrtunternehmen werben mit diesem Schlagwort. Ob dieser inflationäre Gebrauch des Wortes im Sinne der echten Nachhaltigkeit ist, ist ein zweischneidiges Schwert: Einerseits ist es sicher begrüßenswert, dass der Begriff mehr ins Bewusstsein rückt. Andererseits kann die Verwendung als abgegriffenes Schlagwort ohne fachlichen Bezug dazu führen, dass Menschen die Lust verlieren, das Wort zu hören, und sich daher gegenüber der Ökologie verschließen. Hier soll der Begriff kurz in unserem Zusammenhang betrachtet werden.

Nachhaltig nennt man per Definition ein Wirtschaften, das darauf ausgerichtet ist, die Wirtschaftsweise immer weiterführen zu können, solange die äußeren Rahmenbedingungen sich nicht ändern, also eine Wirtschaftsweise, die die Rahmenbedingungen nicht gefährdet. So kann die Nutzung fossiler Rohstoffe grundsätzlich nicht nachhaltig sein, da man sie schneller verbraucht, als sie nachwachsen.

Der Begriff stammt ursprünglich aus der Forstwirtschaft und bedeutet dort, dass man nur so viele Stangen entnimmt, wie in der entsprechenden Zeit nachwachsen.

Nachhaltigkeit auf der Weide bedeutet vor allem keine Überweidung, keine Zerstörung der Grasnarbe durch zu hohen Tierbesatz. Das bedeutet auch, Tiere nicht auf zu nasse Weiden zu lassen. Die Besatzdichte ist vielerorts durch Vorschriften geregelt. In den Alpen ist die Weidewirtschaft nachhaltig in diesem Sinn.

Ganz nachhaltig im weiteren Sinne ist die Landwirtschaft nie, solange sie fossile Brennstoffe nutzt. Allerdings werden diese auch in der Forstwirtschaft genutzt. Solange die Tiere auf der Weide sind, werden kaum fossile Brennstoffe verbraucht, dies geschieht eher für die Heu- und Silagebereitung zur Winterfütterung und für die Ausbringung des Stallmistes. Ackerbau hängt meist in stärkerem Maße von fossilen Brennstoffen ab. Der Weidezaun ist meist elektrisch und damit nur so nachhaltig wie die Elektrizitätsquelle.

Problematisch kann Weidewirtschaft sein, wenn für sie – etwa in Südamerika – große Urwaldareale abgeholzt werden. Nachhaltig im ursprünglichen Sinn kann sie auch dann sein. Im Allgemeinen ist zumindest in den gemäßigten Mittelbreiten die Weidewirtschaft einer der Zweige der Landwirtschaft, die am leichtesten relativ nachhaltig zu gestalten sind.

Die Weidetiere

Hier sollen die wichtigsten Weidetiere einzeln vorgestellt werden. Es versteht sich, dass einige dieser Tiere nicht nur als Weidetiere gehalten werden.

Wiederkäuer

Wiederkäuer haben vier Mägen und im Pansen symbiotische Bakterien, die Zellulose abbauen. Mithilfe dieser Bakterien können sie sämtliche Aminosäuren synthetisieren, während wir Menschen die essenziellen Aminosäuren mit der Nahrung aufnehmen müssen.

Die Wiederkäuer haben eine Koevolution mit Gräsern durchlaufen und sind gute Grasverwerter. Sie können Gras in verschiedene Tierprodukte umwandeln. Wilde Wiederkäuer grasen, und so sind domestizierte Wiederkäuer prädestiniert als Weidetiere. Gemeinsam mit dem Gras fressen sie auch viele andere Pflanzen, aber die Gräser dominieren.

Im Winter muss in den Erdengegenden, wo keine Weide möglich ist, gefüttert werden. Das kann Heu sein oder auch Silage, jedenfalls Grasprodukte. Auf manchen Betrieben können die Tiere im Winter im Schnee herumtollen; das trägt zu ihrem Wohlbefinden bei, nicht aber zur Ernährung.

Wenn man sie mit Produkten füttert, die auch von Menschen direkt gegessen werden können, kann das eine gewisse Ressourcenverschwendung sein.

Allerdings brauchen Wiederkäuer einigermaßen gehaltvolle Nahrung. Während einmägige Säugetiere (Monogastrier) wie Pferde bei gehaltarmer Nahrung einfach mehr fressen, können Wiederkäuer das nicht tun, da die Nahrung im Magen verbleibt, bis sie genügend zerkleinert ist. So können sie mit vollem Magen verhungern.[12]

Rind

Das Hausrind (*Bos primigenius taurus*) ist heute ein global verbreitetes Weidetier, wird aber auch ohne Weide gehalten. Das Weibchen nach dem ersten Kalben ist die Kuh. Ein Weibchen, das noch nicht gekalbt hat und folglich keine Milch gibt, nennt man vielfach einfach Rind. Das Männchen heißt Stier, Bulle oder regional auch Muni. Dass das Jungtier das Kalb ist, ist bekannt. Außerhalb der Landwirtschaftssprache wird das Wort »Kuh« oft in weiterem Sinne genutzt, zumindest unter Einschluss der noch keine Milch gebenden Jungrinder.

Vor etwa 10.000 Jahren, etwas später als die Ziege, wurde das Rind im Vorderen Orient domestiziert, und zwar aus dem Auerochsen (Ur, *Bos primigenius*). Dieser war ein Wildrind, das auch in Europa vorkam und gejagt wurde. Das letzte Tier starb 1627. Damit ist diese Wildform unwiederbringlich verloren.[13] Ein Teil seiner Genetik bleibt dank dem Haustier erhalten.

Schon auf der zweiten Reise des Kolumbus 1493 gelangten die ersten Rinder nach Amerika. Damals gab es noch keine ausgeprägte Rassenzucht.

In Südamerika werden stellenweise große Weiden angelegt, für die der Urwald zerstört wird. Deren Produkte sind nicht unbedingt unterstützenswerte Weideprodukte. In Europa ist ohnehin empfehlenswert, eher lokale Tierprodukte zu konsumieren, zum einen weil der Transport die Umwelt belastet, dann aber auch, weil wir bei lokalen Produkten einen besseren Einblick in die Haltungsbedingungen und ihre ökologischen und sozialen Auswirkungen haben.

Ziege

> »Mir selbst war das Glück einer Kindheit im Bergdorf beschieden, und in meiner Erinnerung weckt noch das Horn des Geissenhirten das Dorf aus dem Schlaf und leitet den Tag ein.«
>
> Alois Carigiet[14]

Die Ziege (*Capra aegagrus hircus*) wird heute in vielen Gegenden der Erde als Weidetier gehalten. Im Süden des deutschen Sprachgebietes sagt man Geiß (in der Schweiz »Geiss« geschrieben), was manchmal der Name des weiblichen Tieres ist.[15] Das männliche Tier ist der Bock (Ziegenbock), das Jungtier heißt Zicklein oder Ziegenlamm, regional Kitz, in der Schweiz Gitzi.

Aufgrund archäologischer Forschungen nimmt man an, dass die Ziege vor etwa 10.000 Jahren das erste Tier war, das domestiziert und gemolken wurde.

Ziege frisst Efeu.

In den letzten Jahrzehnten gewinnt die Ziege zunehmend an Beliebtheit zur Selbstversorgung. Allerdings gibt es auch immer wieder Menschen, die Arbeiten mit Ziegen anfangen, weil sie glauben, dass das einfacher sei als mit Kühen, die dann aber aufgeben, weil es doch mehr Herausforderung ist, als sie dachten. Die Arroganz mancher Kuhbauern, die die Arbeit der Ziegenbauern als weniger herausfordernd darstellen als ihre eigene, trägt sicher zu diesem Fehlurteil bei. Ziegen sind geländegängig, eigenwillig und Ausbruchskünstler, was für manche Menschen zu viel der Herausforderungen sind.

In stärkerem Ausmaß als Kühe und Schafe fressen Ziegen auch Gehölze. In Schafherden wandern oftmals einzelne Ziegen mit, um den Gehölzaufwuchs zurückzudrängen. Auf der Alp können Ziegen Kuhweiden nachweiden, was der Weidepflege dient. Zum Weiden zwischen Obstbäumen sind Ziegen ungeeignet, da sie die Bäume schädigen.

Auf Ibiza gibt es einen innovativen Mann, der Ziegen nutzt, um das Unterholz in den Wäldern zu verringern und so die Auswirkungen von Waldbränden einzudämmen. Er bekam für dieses Projekt einen Preis von einer lokalen Naturschutzgruppe.

Allerdings können Ziegen auch problematisch sein, da sie in Trockengebieten zur Ausbreitung der Wüste beitragen können. Auf der Kanaren-Insel Fuerteventura leisten halbwilde Ziegen einen Beitrag zur Verwüstung der Insel.

Auf Mallorca leben im Gebirge (der Serra de Tramuntana) verwilderte Ziegen, die als Hochwild gejagt werden. Sie werden als Problem für die dortige Vegetation angesehen, da sie auch vor endemischen Pflanzen nicht Halt machen. Im Südwesten der Balearen-Insel Formentera gab es ebenfalls verwilderte Ziegen, die aber nicht mehr da sind.

Südwestlich von Ibiza gibt es eine kleine felsige Insel namens es Vedrà (das Wort »es« ist hier Teil des Namens, der Artikel des balearischen Katalanisch), nach Mallorca und Ibiza mit 382 m die dritthöchste Insel der Balearen. Hier gibt es seit Generationen halbwilde Ziegen, die dort leben und gelegentlich angefüttert werden, weil die Eigentümer der Insel sie für Osterzicklein nutzen. Sie sind oftmals krank. Sie leiden im Sommer unter der Trockenheit, da es keine Quellen gibt und sie nur gespeichertes Regenwasser trinken können. Immer wieder verdursten Ziegen. Es ist keine tiergerechte Haltung.

Unter ökologisch interessierten Menschen ist unbestritten, dass die Ziegen dort viel zerstören und deshalb verschwinden sollten. Es gibt immer wieder Bestandsaufnahmen der Vegetation. Diese wird durch die Ziegen stark geschädigt. Pflanzen wie das auf den westlichen Balearen endemische Ibizenkische Brillenschötchen (*Biscutella ebusitana*) leiden sehr unter den Ziegen. Brutvögel verschwanden ihretwegen. Der Boden an den Steilhängen nimmt Schaden durch Tritt und durch die Schädigung der Vegetation.

In einem trockenen Jahr entschied ein Lokalpolitiker,[16] man müsse die Ziegen entfernen, bevor sie qualvoll verdursten. Nach Evaluierung der Möglichkeiten wurde beschlossen, die Tiere mit sauberen Schüssen zu erlegen. Alle anderen Vorschläge erschienen unrealistisch. Dieser damalige Politiker ist Förster und kennt die Natur wie kaum jemand anders. Es gab auf Ibiza einen riesigen Aufschrei. Vor allem zugezogene Kulturpessimisten, die nie irgendetwas für Ziegen getan hatten, die sich auch nie für die Krankheiten und das Leiden der Ziegen auf es Vedrà interessiert hatten, nutzten nun die Ziegen, um Hass gegen Menschen zu schüren. Der Politiker erhielt sogar Morddrohungen. Selbst Gegner der kontrollierten und tiergerechten Ziegenhaltung auf Ibiza verteidigten nun auf einmal die nicht tiergerechte Haltung auf es Vedrà. Ziegen sind sehr oft ein emotionales Thema, das nicht viel mit der Lebenswirklichkeit dieser Tierart zu tun hat.

Erfahrene Jäger schossen die meisten Ziegen auf es Vedrà. Wenige Ziegen überlebten. Zunächst erholte sich die Vegetation. Da sich die verbliebenen Ziegen vermehrten, war diese Erholung nicht nachhaltig.

Schaf

Das Hausschaf (*Ovis orientalis aries*) wird bis heute viel in Transhumanz gehalten, also in Wanderschafhaltung, die in Mittel- und Südeuropa für die Landschaft eine große Rolle spielt, wirtschaftlich aber nicht mehr so bedeutend ist.

Das männliche Schaf ist der Widder oder der Bock (Schafbock). Für das weibliche Tier gibt es nur regionale Bezeichnungen, vor allem in der Schweiz sagt man Aue. Das Jungtier ist bekanntlich das Lamm.

Schafe fressen die Pflanzen tiefer ab als Rinder. Sie lassen einige harte Pflanzen stehen, so die Schafgarbe (*Achillea millefolium*), die wegen ihres Verbleibens auf Schafweiden so heißt. Auf der Orkney-Insel North Ronaldsay wurden Schafe einer speziell angepassten Rasse gezüchtet, die an der Küste leben und sich hauptsächlich von Meeresalgen ernähren, eine Ernährung, die bei anderen Rassen nicht möglich wäre.

Zur Produktion von Schafsmilch gibt es spezielle Rassen, die Milchschafe, eine Minderheit unter den Schafen. Schafe werden heute primär für Fleisch und zur Landschaftspflege genutzt. Die Wolle bringt heute meist kein Geld, da Wolle aus Neuseeland trotz des Transportweges billig ist. Ähnliches gilt für Lammfleisch aus Neuseeland. Daher können Schäfer in Mitteleuropa nur noch mit Subventionen überleben.

Wasserbüffel

Der Hausbüffel (*Bubalus arnee bubalis*) ist die domestizierte Form des Wasserbüffels. In weiten Gebieten Süd- und Südostasiens, in Ägypten, Osteuropa und Italien spielt seine Haltung bis heute eine wichtige Rolle.

Weidende Wasserbüffel fressen Brombeersträucher.

In Südostasien, wo das Melken keine Tradition hat, sind Büffel vor allem Arbeitstiere. Sie sind umgänglich und können auch von Kindern leicht geführt werden. In Indien, Ägypten und Teilen Europas spielen Milchrassen eine wichtige Rolle. Auch ihr Fleisch wird gegessen.

Wasserbüffel werden zur Pflege von Feuchtgebieten eingesetzt, da ihre Klauen besser an die Feuchtigkeit angepasst sind als die vieler anderer Wiederkäuer.[17]

Yak

Der Yak (*Bos mutus*) wird vor allem im tibetischen Hochland gehalten, auch im Pamir und im Karakorum, wo Milch, Fleisch, Leder und Dung genutzt werden. Yakbutter ist für die Tibeter wichtig und wird auch in den Tee gegeben. Auch als Lastentier ist er unverzichtbar. Sesshafte Bauern nutzen ihn als Zugtier. Heute gibt es auch anderswo, etwa in den Alpen, einzelne Yakhalter.

Hirsche

Verschiedene Hirsche (Cervidae) werden genutzt, die meisten nur als Jagdwild, aber gelegentlich kommt auch Haltung vor, nicht nur in Tierparks, auch zu wirtschaftlichen Zwecken.

Das Rentier (*Rangifer tarandus*) wurde in Lappland und Sibirien domestiziert. Wann dies geschah, ist nicht sicher geklärt, vermutlich in den letzten Jahrhunderten vor unserer Zeitrechnung.

Rentiere ziehen heute vielfach halbwild durch die Lande – im selben Lebensraum wie ihre wilden Verwandten – und suchen sich ihre Weiden. Die Menschen nutzen vieles von ihnen, vom Fleisch bis zum Geweih für Werkzeuge. Auch als Zugtier wird das Rentier genutzt. Und man gewinnt seine Milch.

Es ist der einzige Hirsch, bei dem auch die Weibchen Geweihe tragen. Wichtiges Winterfutter ist die Rentierflechte (*Cladonia rangiferina*), die die Tiere mit dem Geweih aus dem Schnee ausgraben.[18]

Der Elch (*Alces alces*) wird vereinzelt als Nutztier gehalten, etwa zum Melken.

Der Damhirsch (Damwild, *Dama dama*) wird heute gelegentlich als Weidetier gehalten. Er wurde nicht domestiziert, sondern ist ein in Gehegen gehaltenes Wildtier. In einigen Gebieten wurde er als Jagdwild (wieder) eingeführt. Sein Fleisch ist ein Nischenprodukt.

Kamele

Die Kamele (Camelidae) haben ein ähnliches Verdauungssystem wie die Wiederkäuer. Sie haben drei Mägen und käuen ebenfalls wieder.

In der deutschsprachigen biologischen Literatur wird die Familie als Kamele bezeichnet. In der ethnologischen Literatur heißt sie meist – in Anlehnung an andere Sprachen wie Spanisch und Englisch – Cameliden, da viele Menschen beim Wort »Kamele« nur an Dromedar und Trampeltier denken, nicht an die südamerikanischen Kleinkamele.

Gegenüber anderen Paarhufern haben die Kamele als Weidetiere im Gebirge den Vorteil, dass ihre Hufe nicht so sehr die Grasnarbe zerstören und sie daher nicht so stark zum Bodenabtrag beitragen. Dies ist in Gebieten mit üppigem Graswuchs wie in großen Teilen der Alpen weniger relevant als in weiten Gebieten der Anden mit eher karger Vegetation. Zudem sind Kamele durch ihre anders gearteten roten Blutkörperchen, die mehr Sauerstoff speichern können, besser an die Sauerstoffarmut im Gebirge[19] angepasst als alle anderen Säugetiere.

Dromedar und Trampeltier

Das Dromedar (*Camelus dromedarius*), das einhöckerige Kamel, ist nur als domestiziertes Nutztier bekannt. Über seine wilden Ahnen gibt es nur Spekulationen. Es ist an Hitze und Trockenheit angepasst und kommt vor allem in Nordafrika und Südwestasien vor. Es dient als Reit- und Tragtier und wird gemolken.

Die Vorstellung vieler Laien, Nutztierhaltung sei per se Wasserverschwendung, wird Lügen gestraft durch die Haltung von Dromedaren in den trockensten Gegenden der Erde. Menschen am Rande der Existenz müssen mit Ressourcen sorgsamer umgehen als die Wohlstandsgesellschaft. Und genau deshalb halten sie gut ins Wirtschaftsleben integrierte Nutztiere.

Das Trampeltier (*Camelus bactrianus*), das zweihöckerige Kamel, wird in Zentralasien gehalten. Es kommt auch mit Kälte gut zurecht. Es wird ebenso genutzt wie das Dromedar und liefert zudem Wolle. Auch als Zugtier zum Pflügen wird es eingesetzt.

Das Weibchen nennt man Kamelstute, das Männchen Kamelhengst, das Jungtier Kamelfohlen. Die Bezeichnungen in Anlehnung ans Pferd gehen von der Nutzung als Reit- und Arbeitstier aus, denn biologisch besteht keine nähere Verwandtschaft.

Viele nomadische, seltener halbnomadische Völker halten Kamele als Lebensgrundlage. Die Kamele sind an die Wüstentrockenheit angepasst, da sie dank ihrer Wasserspeicherung lange Zeit ohne Wasser auskommen können. Ihre Weiden sind meist sehr karg. Sie ermöglichen die Besiedelung der Wüsten. Nach Australien wurden Kamele eingeführt.

Lama und Alpaka

> »Den Lamas und Alpacas kommt in allen Lebensbereichen der Quechua große Bedeutung zu. So hängt der soziale Status selbst bei Bauern, die Gemischtwirtschaft betreiben, oft eher von der Zahl ihrer Herdentiere ab als von der Größe der Felder, über die sie verfügen.«
>
> Iris Gareis[20]

Die beiden wilden Kleinkamele Vikunja (*Vicugna vicugna*) und Guanako (*Lama guanicoe*) weiden in Südamerika als Wildtiere, die einst gejagt und dann zum Teil geschoren, zum Teil für Fleisch getötet wurden. Aus ihnen wurden das Lama (*Lama glama*) und das Alpaka (*Vicugna pacos*) gezüchtet, die in den Zentral- und Südanden bis heute wichtige Weidetiere sind. Zur Zeit des Inkareiches wurden sie auch in die Nordanden, insbesondere ins Gebiet des heutigen Ecuador, eingeführt. Dort wurden sie aber in der Kolonialzeit weitgehend durch Schafe, Pferde und Esel verdrängt, während sie in den Zentralanden bis heute wichtig sind, da sie besser an das dortige Klima angepasst sind als an dasjenige der Nordanden. Zudem sind sie dort seit Jahrtausenden ein wichtiges Kulturelement. Im textilen Kunstgewerbe Ecuadors spielt das Lama als Motiv immer noch eine große Rolle.

Lamas und Alpakas sollte man in der Regel nicht einzeln halten. Das verbieten in einigen Ländern auch die Tierschutzgesetze.[21]

Das Lama wird zum Lastentragen genutzt. Da im vorkolonialen Amerika das Rad unbekannt war, war es damals umso wichtiger. In

Europa gibt es gelegentlich Lamahalter, die Lamatrekking anbieten, bei dem die Tiere das Gepäck tragen.

Das Alpaka wird vor allem wegen seiner feinen Wolle gehalten. Inzwischen haben auch in Europa Liebhaber Alpakahaltungen aufgebaut. Von einem abgelegenen Schwarzwalddorf bis zur abgelegensten Orkney-Insel findet man Alpakas. Auf Ibiza gibt es mehrere Alpakabetriebe, alle von Ausländern aus Deutschland und Belgien geführt.

Beide Arten liefern selbstverständlich auch Fleisch, das in den Anden gegessen wird, in Europa selten. Ihr Kot ist ein wertvoller Dünger mit ausgewogener Zusammensetzung. Dabei erleichtern sie es den Menschen, indem sie ihren Kot immer an derselben Stelle fallen lassen.

Eigentliche Hirtenlebensformen haben sich mit Lama und Alpaka nie entwickelt. Auch die Halbnomaden von Saraguro im Süden Ecuadors halten nur Tiere, die aus Europa eingeführt wurden. In tieferen Lagen der Anden findet Lama- und Alpakahaltung immer gemeinsam mit Feldbau statt, nur in höheren Lagen gibt es ausschließliche Tierhaltung.

Pferd und Esel

Pferd (*Equus caballus*) und Esel (*Equus asinus*) werden häufig auf der Weide gehalten, ob nun als Reittiere, Arbeitstiere oder Milchlieferanten.

Das Weibchen nennt man Stute, das Männchen Hengst, das kastrierte Männchen Wallach und das Jungtier Fohlen. Wenn nicht näher spezifiziert, beziehen sich die Wörter auf Pferde. Für Esel werden sie, wenn nicht aus dem Zusammenhang ersichtlich, erweitert zu »Eselstute« usw. Stutenmilch heißt nur die Milch vom Pferd, nicht die vom Esel.

Ihre Ernährung unterscheidet sich insofern von derjenigen der Wiederkäuer, dass sie auch Nahrung mit wenig Nährgehalt zu sich nehmen können. Sie gleichen das aus, indem sie einfach mehr fressen. Daher ergänzen sich Pferde und Esel gut mit Wiederkäuern auf derselben Weide. Ähnliches geschieht in freier Wildbahn, wenn Zebras und Gnus gemeinsam in der afrikanischen Savanne weiden. Gnus sind Wiederkäuer.

Esel sind in Bezug auf das Futter sehr genügsam, da ihre wilden Vorfahren in Wüsten und Halbwüsten lebten.

Kreuzungen zwischen Pferd und Esel sind das Maultier und der seltenere Maulesel. Ersteres stammt von einer Pferdestute und einem

Eselhengst, Letzterer von einer Eselstute und einem Pferdehengst. Diese Tiere sind fast immer unfruchtbar.

Ausgesprochene Reiterkulturen haben sich vor allem in Gebieten mit ausgedehnten Grasländern entwickelt, etwa in der Mongolei, mit der Einführung des Pferdes auch in den nordamerikanischen Plains und in Südamerika im Chaco und der Pampa. Die genannten Gebiete sind Ungunsträume für den Bodenbau, sodass Weidetierhaltung eine naheliegende Inwertsetzung ist.

Schwein

Das Hausschwein (*Sus scrofa domesticus*) ist kein typisches Weidetier. Es ist wie der Mensch ein Allesfresser. Es frisst zwar mal etwas Gras, kann das auch verdauen dank einigen Bakterien im Blinddarm, gräbt aber gerne den Boden um und frisst Wurzeln und Bodentiere wie Insektenlarven. Der große Meister der Selbstversorgung John Seymour schlägt vor, Schweine einzusetzen, um Boden zu Ackerland umzubrechen, dann ist er auch gleichzeitig gedüngt und Wurzeln sind entfernt. Ich habe aber selten davon gehört, dass das tatsächlich jemand tut. Das erfordert ein Einzäunen des künftigen Ackerlandes und ein Bereitstellen von Wasser.

Auf der Alp haben Schweine meist Auslauf, ernähren sich aber nicht primär von dem, was sie finden, sondern von Molke und Zusatzfutter.

In Teilen Spaniens leben Schweine im Gelände, wo sie Eicheln fressen. Bekannt ist der Eichelschinken (span. *jamón de bellota*). In Norditalien traf ich Personen, die einen Betrieb im Piemont bewirtschaften, wo Schweine einer fast ausgestorbenen Rasse in weitem Gelände gehalten werden und sich nur von dem ernähren, was die Natur ihnen bietet. Dies ist aus Naturschutzsicht auf jeden Fall unterstützenswert.

Das Produkt der Schweine ist Fleisch. Da Schweine im Wesentlichen Nahrung zu sich nehmen, die auch wir Menschen essen können, ist Schweinehaltung in großem Stile meist als Ressourcenverschwendung anzusehen. Allerdings bedeutet die Tatsache, dass wir etwas essen *können*, nicht notwendig, dass wir es auch essen *wollen*. Käse mit Fliegenmaden, bluthaltige Milch sind nicht gesundheitsschädlich, aber die meisten Menschen finden sie unappetitlich. Schweine sind da nicht so heikel. Auch Disteln aus dem Garten kann man ihnen geben.

Ein gutes Ressourcenmanagement ist das Verfüttern von Küchen- und Gartenabfällen an einige wenige Schweine, das allerdings heute in vielen europäischen Ländern rechtlich stark restringiert ist. In den 1980er Jahren verfütterten wir in einem Kinderdorf in Deutschland die Reste aus der Großküche an unsere Schweine. Solch eine Ressourcennutzung ist heute nicht mehr zulässig.

In den Anden beobachtete ich, dass Dorfbewohner einzelne Schweine hielten, um sie mit ihren Abfällen zu füttern. Das heimische Meerschweinchen (*Cavia aperea porcellus*) wurde vom Schwein aber nicht als Fleischlieferant verdrängt. Beide Tiere isst man vorrangig zu Festen, Fleisch ist keine Alltagsspeise. Da das Meerschweinchen kein Weidetier ist, sondern in den Häusern lebt, wird es hier nicht weiter behandelt.

Auch unter den Papuas in Neuguinea spielt das Schwein eine wichtige Rolle in der Proteinversorgung. Nein, sie versorgen sich nicht über Kannibalismus mit Proteinen,[22] die Rechnung ginge ohnehin nicht auf.

Geflügel

Geflügel wie Haushuhn (*Gallus gallus domesticus*), Hausgans (*Anser anser domesticus*), Hausente (*Anas platyrhynchos domesticus*), Truthuhn (*Meleagris gallopavo*), Helmperlhuhn (*Numida meleagris*) und Wachtel (*Coturnix coturnix*) wird in Gehegen oder im Freiland gehalten, manche Arten leider auch in engen Käfigen.

Da Hühner meist mit Getreide gefüttert werden, treten sie in der Regel ein Stück weit in Nahrungskonkurrenz zum Menschen. Dies aber weniger, je mehr Futter sie sich selber suchen. Auch manche Küchenabfälle kann man über Hühner verwerten. Wenn ein kleines Kind seinen Reis ausspuckt und ihn niemand mehr essen mag, kann man ihn immer noch den Hühnern geben. Das ist selbstverständlich nur in kleinen Beständen relevant, etwa zur Selbstversorgung.

Hühner suchen sich im Freiland einiges von ihrem Futter selber, sowohl pflanzliche als auch tierische Nahrung. Das kann auf Grünland geschehen, das für andere Tiere angelegt wurde. Da sie gerne auf kurzem Grünland nach Nahrung suchen, ergänzen sie sich gut mit Grasfressern.

Ein Wert besteht darin, dass Hühner unerwünschte Kleintiere wie insbesondere Zecken fressen. Wenn sie Zugang zum Kompost haben, entfernen sie dort Samen sogenannter Unkräuter.

Die Produkte des Geflügels sind Eier, Federn und Fleisch.

Honigbiene

Die Honigbiene (*Apis mellifera*) soll hier nur am Rande erwähnt werden. Sie ist ja kein Weidetier in dem Sinne, wie man es normalerweise versteht. Aber auch sie wandert von Futterpflanze zu Futterpflanze (genauer: Nektar- und Pollenquelle), leistet also die Arbeit, ihr Futter selber zu suchen. Der ökologische Wert von Bienen, die viele Pflanzen bestäuben, muss hier wohl nicht noch erläutert werden. Die Imkerei ist sicher ein spannendes Thema, auch aus ökologischer Sicht, kann aber in diesem Rahmen nicht in ihrer Komplexität behandelt werden.

Zur Einordnung des Folgenden mag interessant sein, zu wissen, dass eine Forschergruppe der Universität Graz herausgefunden hat, dass Pestizide in nicht tödlicher Dosis dazu führen können, dass Bienenlarven ihren Geruch verändern und aus dem Volk verstoßen werden. Bei oberflächlicher Betrachtung findet man dadurch keine Pestizidrückstände und könnte glauben, die Pestizide würden den Bienen nichts anhaben.[23]

Output der Weidetiere

Oftmals müssen wir berücksichtigen, dass die Produkte, wenn wir sie kaufen, nicht unbedingt aus Weidehaltung kommen. Manchmal werden sie gekennzeichnet. So hat die Unternehmensgruppe Schwarzwaldmilch in ihrem Sortiment Weidemilch, die als solche etikettiert ist. Ihre Anforderungen für diese Auszeichnung sind: Weidehaltung von Frühjahr bis Herbst für mindestens acht Stunden am Tag, mindestens an 150 Tagen im Jahr je nach Witterung und eine Weidefläche von 1.500 m^2 pro Kuh.

Wenn wir am Klimaschutz interessiert sind, sind natürlich auch die Transportwege und die Lagerung zu berücksichtigen. In spanischen Bioläden kann man Biomilch aus Bayern oder der Schweiz finden. Da ist sicher die in den Supermärkten gehandelte spanische Biomilch vorzuziehen.

Bevor wir auf die Produkte im Einzelnen eingehen, sollten wir uns zunächst einer Frage widmen, die oft sehr voreilig in Stereotypen abgehandelt wird.

Vorweg: Sind Tierprodukte Ressourcenverschwendung?

> »70% aller Menschen, die arm sind, halten Tiere. Ihr Beitrag zur Gesundheit und zum Lebensunterhalt geht weit über die Bereitstellung von Milch und Fleisch hinaus und wird allgemein unterschätzt.«
>
> Ursula Gröhn-Wittern[24]

Oft wird darauf hingewiesen, dass Fleisch und andere Tierprodukte Ressourcenverschwendung seien, weil viel mehr Energie und besonders Proteine in die Tiere gesteckt werden, als sie liefern. Gelegentlich findet man Zahlen, welcher Anteil an Energie und Proteinen von Pflanzen beim Umweg über Tiere erhalten bleibt. Das ist rein rechnerisch richtig, wenn man nur Fleisch, Milch und Eier als Output ernst nimmt, ist aber nicht immer und überall anwendbar. Jede Berechnung zur Tierhaltung ist unsinnig und kontraproduktiv, solange sie nicht zwischen verschiedenen Haltungsformen unterscheidet.

Wenn wir nur von der Energie und Proteinen ausgingen, müssten wir beispielsweise Spargel als Verschwendung ansehen, da der Flächenertrag an Energie und insbesondere an Proteinen eher gering ist.[25] Anders als Weideland und Obstpflanzungen sind Spargelfelder auch als Ökosysteme verlorene Flächen, sofern sie mit Folie bedeckt sind.

Die Wirklichkeit ist eben komplexer als diese einfachen Zahlenspielchen. Der Praktiker John Seymour, der große Meister der Selbstversorgungsbewegung, weist darauf hin, dass die Proteineinheiten, die man in Tiere hineinsteckt, nicht verschwendet sind.[26] Allerdings hängt das von der Haltungsform ab. Nicht alle Tierhalter sind so verantwortungsbewusst, wie es der große John Seymour war.

Nachdem die Menschen jahrtausendelang auch in Zeiten von Ressourcenknappheit Nutztierhaltung betrieben, ist es reichlich überheblich, wenn Wohlstandsbürger vom Luxussofa aus diese Wirtschaftsform pauschal als verschwenderisch darstellen, statt mal selbstkritisch zu fragen, ob nicht einfach ihr eigener unverantwortlicher Umgang mit der Nutztierhaltung das Problem ist.

Die Nutztierhaltung liefert noch weiteren Output neben Fleisch, Milch und Eiern, wie wir im Folgenden detaillierter sehen werden. Dünger, Arbeitskraft, Wärme, Leder müssten als zusätzlicher Ertrag auch in die Zahlen eingehen, damit sie als seriös gelten können. Tiere können ein wichtiger Teil der Wertschöpfungskette auch für Gemüse und Getreide sein.

Wenn Haustiere in Gelände weiden, das für Ackerbau ungeeignet ist, dann sind sie ohnehin keine Nahrungskonkurrenten für die Menschen, Gras können wir nun mal nicht verdauen. Zudem können in Trockengebieten Tiere der Trockenheit zum Opfer gefallene Ackerkulturen fressen, etwa Hirse, die vor der Fruchtbildung vertrocknet ist und dank den Tieren noch Nutzen bringt. Wenn Schafe zwischen Obstbäumen weiden, verbrauchen sie keine Fläche, sondern sparen die Sense oder den Balkenmäher. In Mitteleuropa brauchen wir für die Winterfütterung allerdings Heu und Öhmd (Grummet) oder auch Silage, die heutzutage in aller Regel maschinell geerntet werden.

Ökologisch denkende Konsumenten sind nicht strenge Vegetarier, sondern verantwortungsbewusste Fleischkonsumenten. Das Prinzip des Flexitariers mag hier sinnvoll sein.

Es ist wahr, dass der hohe Fleischkonsum, wie er in Mitteleuropa üblich ist, ein Symptom einer Überflussgesellschaft ist, das den Nahrungsmangel in anderen Teilen der Erde fördert, etwa durch die Abholzung von Urwäldern für den Futterbau. Fleischproduktion kann Ressourcenverschwendung bedeuten, je nach Produktionsmethode.

Aber eine undifferenzierte Verdammung der Nutztierhaltung zerstört mehr, als sie rettet. In vielen Gesellschaften wird ab und zu, etwa zu Festen, Fleisch gegessen. Das könnte uns ruhig als Vorbild dienen. Wir haben nicht nur die Wahl zwischen denggläubiger Enthaltsamkeit bezüglich Fleisch und hemmungslosem, gleichgültigem Fleischkonsum.

Unehrlich ist es, wenn Leute, die Nutztierhaltung als Ressourcenverschwendung darstellen, selber Hunde oder Katzen halten. Man beschwert sich, dass Nutztiere mehr Input als Output haben, hält aber selber Tiere, die noch mehr Input und keinerlei Output haben. Oftmals kommt von Wohlstandsbürgern auch die eher naive Forderung, Nutztiere in Streicheltiere umzuwandeln oder auf Gnadenhöfe zu geben, statt sie zu schlachten. Damit bleibt der Input etwa gleich, nur ganz ohne Output, was wiederum klarere Ressourcenverschwendung ist. Die paradoxe Logik der Wohlstandsideologen ist für normale Menschen nicht unbedingt nachvollziehbar.

Nebenbei ergänzt: Dass das Jagen von Wild keine Ressourcenverschwendung ist, sollte wohl jeder leicht einsehen, denn die Tiere sind ja ohnehin da. Allenfalls das Zufüttern des Wildes kann man diesbezüglich diskutieren.

Fleisch

Alle hier behandelten Weidetiere, abgesehen von der Honigbiene, liefern Fleisch. Es gibt allerdings kulturelle Unterschiede. Pferdefleisch wird in manchen Ländern mit Selbstverständlichkeit gegessen, in anderen eher nicht. Im jüdischen und muslimischen Kulturbereich wird Schweinefleisch verschmäht. Manche Kulturanthropologen (oder Ethnologen), allen voran Marvin Harris, diskutieren ökologische Gründe als

Ursache der Nahrungstabus.[27] So war Harris zunächst bemüht, Indiens heilige Kühe, also die Regel, dass Hindus kein Kuhfleisch essen dürfen, rein ökologisch zu begründen. Nach einer Indienreise relativierte er seine Aussagen.

Im Gegensatz etwa zum Konsum von Haustiermilch ist das Fleischessen global in ausnahmslos allen Kulturen bekannt, ob nun aus Jagd oder Tierhaltung. Wenn Gesellschaftsgruppen kein Fleisch essen, wie etwa die Toda in Südindien, geschieht das nie aus Unkenntnis des Fleischessens, sondern aus gezielter Abgrenzung gegen andere, die Fleisch essen. Vegetarische Kulturen gibt es traditionell nur auf dem indischen Subkontinent. Von dort kam diese Form der Askese nach Europa und in andere Erdengegenden, oft ohne den Überbau der zugehörigen indischen Religionen.

Die Menschen sind, genetisch bedingt, unterschiedlich in ihren Ernährungsbedürfnissen. Die einen können gut ohne Fleisch leben, die anderen brauchen unbedingt Fleisch, um fit zu sein. Vegetarier leben immer und überall in Symbiose mit Menschen, die Fleisch essen, auch wenn ihnen das selten bewusst ist. So verkaufen die Toda, die sesshafte Hirten sind und sich hauptsächlich von Milch und Milchprodukten ernähren, ihre Stierkälber an Nachbarstämme.

Je nachdem, ob Fleisch oder Milch primäres Produktionsziel ist, sucht man die Rasse aus, insbesondere bei Rindern. Es gibt ausgeprägte Milchrassen, es gibt Fleischrassen und es gibt Zweinutzungsrassen.[28] Im Prinzip gibt es bei Rindern auch noch Dreinutzungsrassen, die auch als Arbeitstiere geeignet sind, aber dieser Faktor ist in weiten Gebieten nicht mehr gefragt. Bei Schafen liefern Dreinutzungsrassen Milch, Fleisch und Wolle.

Bei Pferden treten Fleisch und Arbeitskraft in gewisse Konkurrenz zueinander. Da das Fleisch junger Pferde am liebsten gegessen wird, handelt es sich beim Pferdefleisch in der Regel nicht um eine Ressource, die bei Arbeitspferden ohnehin als Nebenprodukt anfällt.

Milch und ihre Derivate

Milch wird von verschiedenen Säugetieren gewonnen. In Mitteleuropa nutzt man in erster Linie Kuhmilch und Ziegenmilch, wobei Letztere eher als Nischenprodukt angesehen wird. Schafsmilch und Büffelmilch spielen eine geringe Rolle. Dagegen sind Büffel in Italien, Osteuropa, Ägypten und Indien wichtige Milchtiere. Schafsmilch ist in manchen Gegenden Spaniens, etwa in Extremadura und im Baskenland, ein wichtiger Rohstoff, vor allem für Käse.[29]

In Lappland werden Rentiere gemolken, in Schweden vereinzelt Elche. Stuten werden vor allem von Mongolen und zentralasiatischen Turkvölkern gemolken. Eselsmilch wird auf spezialisierten Betrieben gewonnen und gerne in Hygieneprodukten einschließlich Seifen verarbeitet.[30] In den Höhen des Himalayas melkt man Yaks.

Kamelmilch ist regional sehr wichtig. Kamelstuten lassen sich nur in Anwesenheit ihrer Fohlen melken. In Nordafrika ist das Dromedar ein wichtiges Milchtier verschiedener Nomaden. In Zentralasien werden Trampeltiere gemolken. Die südamerikanischen Kleinkamele wurden dagegen nie auf Milch gezüchtet.

In aller Regel geben weibliche Säugetiere nur Milch, wenn sie Junge gehabt haben. Deshalb lässt man sie immer wieder Junge bekommen, etwa alle ein bis zwei Jahre. Da nicht alle Jungtiere aufgezogen werden können, insbesondere nicht die Männchen, fällt Fleisch von Jungtieren an. So ist Milchproduktion an Fleischproduktion gekoppelt.

Lakto-Vegetarier wollen oft nicht wahrhaben, dass bei der Milchproduktion Fleisch als Nebenprodukt anfällt. Es steht ihnen frei, Milchtiere zu halten und ein System zu entwickeln, bei dem kein Fleisch anfällt, wenn sie glauben und andere überzeugen wollen, dass das möglich ist. Aber nur theoretisch darüber zu philosophieren, dass es möglich sei, überzeugt nicht unbedingt.

Wichtig für die Milchqualität sind Haltung und Fütterung der Tiere. Weidemilch ist zweifellos besonders gesund. Heumilch ist auch nicht zu verachten. Mittlerweile gibt es vor allem in Österreich den geschützten und kontrollierten Begriff der Heumilch. Das Regulativ schreibt nicht etwa ständige Heufütterung vor, sondern erlaubt auch Weidehaltung. Es verbietet die Fütterung von Silage und außereuropäischen Futtermitteln.

Wenn Kühe viel Kraftfutter bekommen, wirkt sich diese nicht artgerechte Fütterung negativ auf die Milchqualität aus. Es kommt vor, dass Wissenschaftler Milch auf ihre gesundheitliche Wirkung überprüfen und zum Schluss kommen, sie sei nicht gesund. Wenn sie dabei mit Milch von mit viel nicht artgerechtem Kraftfutter hochgepuschten Kühen experimentieren, ist das Ergebnis nicht ohne Weiteres auf Weidemilch übertragbar. So sind Weidemilch und Weidekäse reich an Omega-3-Fettsäuren, die in manchen Kreisen besonders angehimmelt werden. Durch Kraftfutter sinkt der prozentuale Gehalt. Wenn wir Weidekäse essen, brauchen wir nicht unbedingt Snobprodukte wie Chiasamen, die oft lange Transportwege hinter sich haben.

Zusammensetzung der Milch:

Milchart	Fett	Proteine	Laktose
Frauenmilch	3-3,5%	1,2-1,5%	6,5-7%
Kuhmilch	3,3-5,3%	3-4%	4,6-5%
Ziegenmilch	4-4,5%	3,5-4%	4-4,5%
Schafsmilch	6,2-7,5%	5,2-6%	4,3-5%
Büffelmilch	7-10%	3,6-6%	4,2-5,3%
Stutenmilch	1-1,5%	2-2,6%	6-6,5%
Eselsmilch	1-1,8%	1,8-2,5%	5,9-6,5%

Milchtiere haben Tradition in Europa, Afrika und der westlichen Hälfte Asiens. Vielfach ist die Milch auch in Ritualen wichtig. In den übrigen Teilen der Erde haben sich die Menschen nicht jahrtausendelang mit Milchkonsum entwickelt, sodass sie vielfach keine Milch verdauen können.

Milchgegner berufen sich gerne darauf, dass Milch in manchen Erdengegenden, etwa in Ostasien, keine Tradition hat, und tun so, als wäre das eine weltbewegende Erkenntnis. Welche Relevanz hat die Aussage für unsere Ernährung, wenn wir uns in einem Gebiet befinden, wo die Milch sehr wohl Tradition hat? Es steht jedem Menschen frei, sich nach jeglicher fernen Tradition zu richten – als persönliche Entscheidung, nicht als Anspruch an andere. Gerade die Makrobiotik, die aus Ostasien stammt, wird im Westen meist so uminterpretiert, dass man sich an Traditionen Ostasiens orientieren sollte (aber oft mit Milchimitaten, die es dort natürlich nicht gibt). Allerdings gehört ursprünglich zur Makrobiotik eine Schwerpunktlegung auf lokale Produkte.

Heutzutage werden Milch und Käse auch in Gegenden produziert, wo sie keine jahrtausendealte Tradition haben. Das angestammte Wort für die Milch wurde zumindest mancherorts ganz selbstverständlich von der als Muttermilch getrunkenen Milch auch auf die von Menschen genutzte Milch der Nutztiere übertragen, etwa im Quechua: *ñuñu*. In den USA wird massenweise Käse hergestellt, jedoch nicht mit vergleichbarer Qualität wie in der Schweiz, Frankreich oder Spanien. In Ecuador ist Cayambe ein Zentrum der Käseproduktion.

Käse

Da Milch ein verderbliches Produkt ist, haben die Menschen seit Jahrtausenden Methoden entwickelt, sie haltbar zu machen. Die wichtigste ist die Herstellung von Käse, die jahrtausendealte Tradition hat. Etwa wenn die Milchtiere auf der Alp sind, ist es kaum möglich, die Milch täglich an die Kunden zu bringen. Deshalb ist Käseproduktion die ideale Lösung. Zudem reduziert sich die Masse auf etwa ein Zehntel, was den Transport erleichtert. Die anfallende Molke ist in der Regel nicht verloren, sondern wird sinnvollerweise produktionsnah verwertet.

Frischkäse wird – außer zum Eigenkonsum – nur dort erzeugt, wo zeitlich und räumlich nahe Absatzmärkte vorhanden sind. Wo das nicht der Fall ist, lässt man den Käse reifen.

Käse wird fast nur aus der Milch von Wiederkäuern und Kamelen bereitet, da diese das meiste Kasein (Casein) enthält, also dasjenige Protein, das bei der Käsebereitung zum Gerinnen gebracht wird und damit die Grundsubstanz des Käses ist. So gibt es Kuhkäse, Ziegenkäse, Schafskäse, Büffelkäse, Yakkäse und Kamelkäse. In Schweden gibt es eine Käserei, die Elchkäse bereitet.

Die Ausbeute beträgt bei Kuh- und Ziegenmilch rund 1 kg pro 10 l Milch, bei Büffel- und Schafsmilch rund 1 kg pro 5 l Milch. Es variiert je nach Rasse, Fütterung und Käsesorte.

Der teuerste Käse der Welt ist der serbische Pule, ein Eselskäse, für 1.000 € pro Kilogramm. Der Preis erscheint nicht mehr übertrieben, wenn man weiß, dass Esel wenig Milch geben und schwer zu melken sind, dass Eselsmilch eine Ausbeute von 1 kg Käse pro 25 l Milch hat und dass es sich hier um eine seltene Eselrasse handelt.

Bisweilen liest man von einer französischen Käserei, die Käse aus Frauenmilch bereitet. Das ist allerdings ein Scherz, der manchmal in gutem Glauben weiter verbreitet wird.

Es gibt Sauermilchkäse, die aus säuregeronnener Milch bereitet werden, und Süßmilchkäse oder Labkäse, bei denen die Milch mit Lab dickgelegt wird. Auf tierisches Lab und seine Funktionsweise kommen wir noch in einem eigenen Kapitel zu sprechen.

Es gibt aber auch mikrobielles und pflanzliches Lab, die man oft als Labaustauschstoffe bezeichnet. Manche Schimmelpilze erzeugen Stoffe mit Labwirkung, die aber allgemein nicht so beliebt sind. Gentechnisch veränderte Schimmelpilze, Hefen und Bakterien erzeugen dasselbe Enzym, das auch im tierischen Lab vorhanden ist.[31] In Spanien und Portugal gibt es Traditionen, Milch zum Käsen mit den Griffeln der Wilden Artischocke (*Cynara cardunculus*) dickzulegen.[32] Diese Griffel enthalten die Proteasen (proteinspaltenden Enzyme) Cardenosin A und B.[33]

Die Qualität des Käses hängt immer von der Fütterung ab. Wenn die Tiere Silage gefressen haben, ist die Milch nicht so gut zum Käsen geeignet. Für manche Käse ist Silagemilch verboten. Käse aus Weidemilch ist oft aromatisch. Viel Kraftfutter wirkt sich wertmindernd aus.

Viele Länder und Gegenden Europas haben eine lange Tradition der Käsebereitung und haben einen Reichtum an Sorten hervorgebracht. Bekannt sind die Schweiz, Frankreich, die Niederlande und Italien.

Auch Spanien hat eine reiche Auswahl lokaler Käsespezialitäten, die in Mitteleuropa weniger bekannt sind. Da ich in Spanien geforscht habe, beschreibe ich die spanischen Käse etwas näher, natürlich nur eine Auswahl.

Ein beliebter Kuhkäse ist der Mahón von der Balearen-Insel Menorca, der einen deutlichen aromatischen Nachgeschmack im Mund hinterlässt. Da die Insel Biosphärenreservat ist, haben die Kühe Weidegang, was auf der Nachbarinsel Mallorca viel weniger der Fall ist. Menorca ist landschaftlich stark von Kuhweiden geprägt. Der Zuchtverband des Menorquinischen Rindes stellt auf seiner Website einen Zusammenhang zwischen dieser Rasse und der Biodiversität heraus, leider ohne dies näher auszuführen. Doch stammt die meiste Milch für Mahón-Käse heute von Kühen der Rasse Holstein-Frisian.

In Extremadura, wo man in den Tieflagen allenthalben Schafe auf der Weide sieht, gibt es verschiedene Schafskäse, die mit pflanzlichem Lab bereitet werden, der bekannteste heißt Torta del Casar. Ziegenkäse bereitet man in den Hochlagen von Extremadura (La Vera, Heimat der Verata-Ziege) sowie auf Ibiza, wo ebenfalls pflanzliches Lab Tradition hat.

Auch auf Gran Canaria gibt es Käse mit pflanzlichem Lab. Im Baskenland macht man den Schafskäse Idiazábal aus der Milch der Latxa-Schafe (gesprochen wie »latscha«), die man dort viel auf der Weide sieht.

Ein Seitenblick auf Käseimitate

Die Beliebtheit des Käses zeigt sich auch in der Vielfalt an Imitaten aus minderwertigen Zutaten, bevorzugt für Personen, die sich das Original nicht gönnen. Imitation (außer als Parodie) ist bekanntlich immer ein großes Lob.

In Deutschland haben Imitate von Tierprodukten durch den selbstherrlichen Veganer-Guru Attila Hildmann einen bedeutenden Aufschwung erhalten. Vielfach sind sie heute Lifestyle-Attribute der Wohlstandsgesellschaft.

Viele kommerzielle Imitate sind aus Umweltsicht sehr fragwürdig, etwa solche aus Soja, Palmöl und synthetischen Aromastoffen. Diese verdrängen bisweilen sogar in Bioläden Käse aus biologischer Produktion. Das zeigt, wie viel sich heutige Bioläden der Nachfrage bei fragwürdigen Produkten anpassen und sich dadurch weit von den ursprünglichen Idealen der Biobranche entfernen. Im Gegensatz zu Weideprodukten schaffen solche Käseimitate keinen ökologischen Mehrwert.

Hausgemachte Käseimitate werden oft aus vermatschten Cashewnüssen (den Samen des Cashewbaums, *Anacardium occidentale*) bereitet, die in Vietnam unter grausamen, menschenunwürdigen Bedingungen geerntet werden. Wenn schon im Grundgesetz steht, die Würde des Menschen sei unantastbar, müsste der Handel mit solchen Produkten ehrlicherweise verboten sein.

Sauermilchprodukte: von Joghurt bis Kumys

Wenn man Milch bei Zimmertemperatur stehen lässt, gerinnt sie und wird zu Sauermilch dank Bakterien, die aus der Luft hineingelangen. Es findet Milchsäuregärung statt.

Milchprodukte, die man durch Zugabe eines Säurestarters (mit Milchsäurebakterien und teilweise Hefen) gewinnt, sind Joghurt, Kefir und die schwedische Filmjölk (Schwedenmilch). Solche Produkte sind besser haltbar als Milch. Sie müssen nicht aus Kuhmilch sein, so habe ich auch schon Schafsjoghurt und Ziegenkefir gemacht. In der Ukraine bereitet man Husljanka (meist auf der ersten Silbe betont),[34] ein joghurtartiges Produkt aus Büffelmilch, wobei man als Säurestarter Sauerrahm verwendet. Auch bei Käse ist es üblich, Milchsäurebakterien hinzuzufügen (meist der Gattungen *Lactobacillus* und *Streptococcus*).

In Zentralasien lässt man Stutenmilch stehen, dass sie gerinnt. Diese geronnene Milch, die neben Milchsäure auch Alkohol enthält,[35] heißt Kumys (auch Kymys).[36] Sie ist das Nationalgetränk der Mongolen und wird auch von zentralasiatischen Turkvölkern getrunken. Ein ähnliches Getränk gibt es auch aus Kamelmilch. Obgleich viele Zentralasiaten Muslime sind, dehnen sie das Alkoholverbot des Islams nicht auf Kumys aus.

Die Menge des Produktes bleibt bei der Vergärung gleich. Ökologisch ist der Vorgang allenfalls relevant, weil Energie ins Produkt gesteckt wird. Oft wird die Milch zuerst pasteurisiert. Für Joghurt wird sie warm gehalten, idealerweise bei 38-42 °C. Kefir gärt bei Zimmertemperatur.

Molke

Molke ist die Flüssigkeit, die bei der Käseproduktion anfällt. Die Milch wird in etwa 10% Käse und etwa 90% Molke getrennt. (Die Zahlen gelten für Kuh- und Ziegenmilch.) So ist die Molke ein wichtiges Produkt. Was tut man damit? In theoretischen Berechnungen der Effizienz wird die Molke oft vergessen, und es wird die ganze Erzeugungsenergie dem Käse alleine aufgebürdet.

Molke können wir zwar mal selber trinken. In manchen Kreisen wird sie als sehr gesund gepriesen. Sie ist aber schwer haltbar zu machen. Man kann auch Molke mit Säure (zum Beispiel Zitronensaft oder Essig) versehen und dann als Spülmittel nutzen. Aber das verbraucht auch nicht die Massen.

Die Lösung ist meist eine Verfütterung an Schweine. Käsereien liefern die Molke gerne an Schweinebetriebe. Damit ist Schweinefleisch oft ein Nebenprodukt der Käseerzeugung, das man bei Effizienzberechnungen nicht vergessen sollte. Auf der Alp sind Alpschweine an der Tagesordnung. Deren Fleisch genießt einen guten Ruf.

Wenn keine Schweine da sind, kann man die Molke auch an andere Tiere verfüttern, etwa an Mastkälber. Ich habe auch schon gesehen, wie ein Pferd mit Molke gefüttert wurde.

Man kann aus der Molke noch die Molkeneiweiße (Laktalbumin und Laktoglobulin) ausfällen, bei Kuhmolke mit Säure und Hitze, bei Ziegenmolke nur mit Hitze,[37] teilweise unter Zugabe von etwas Milch. So entsteht Ziger (so in der Schweiz genannt, in Österreich Schotten) oder Ricotta. Die verbleibende Flüssigkeit ist die grünlich-durchsichtige Zigermolke, das Milchserum.[38] Die Schweizer Limonadenmarke Rivella enthält Milchserum. Ansonsten kann dieses an Schweine verfüttert werden. Als Energieträger sind noch Milchzucker und etwas Fett darin.

In Norwegen wird Molke (Ziegenmolke, auch Kuh- oder Schafsmolke oder eine Mischung) durch stundenlanges Kochen eingedickt, mit Zugabe von Milch und Rahm, wobei die Laktose karamellisiert. Das Ergebnis ist der Braunkäse, norwegisch *brunost*, ein wichtiges lokales Kulturgut. Obgleich er nicht aus geronnenen Proteinen besteht und so per Definition kein Käse ist, wird er traditionell als solcher bezeichnet.

Mancherorts wird Molke noch zentrifugiert. Der Molkenrahm kann mit dem abgeschöpften Rahm von der Milch gemischt und verbuttert werden. Die Magermolke wird dann verfüttert.

Rahm und Butter

Rahm oder Sahne (in Österreich Obers, in Teilen der Schweiz Nidel) ist eine fettreiche Fraktion der Milch. Es gibt je nach Fettgehalt verschiedene Stufen, deren Darstellung hier zu weit ginge. Rahm wird ungesäuert als Süßrahm oder auch gesäuert als Sauerrahm genutzt.

Rahm gewinnt man durch Abschöpfen nach dem Stehenlassen. Das funktioniert gut bei Kuh- und Büffelmilch, weniger gut bei Schafs- und Ziegenmilch, da diese aufgrund der kleineren Fettpartikeln schlechter aufrahmt. Die Alternative ist eine Zentrifuge, die Rahm und Magermilch trennt (oder auch, wie im vorherigen Kapitel angesprochen, Rahm und Magermolke aus der Molke).

Ob Abschöpfen oder Zentrifugieren, es bleibt Magermilch übrig. Diese lässt sich unterschiedlich verwerten. Man kann beim Käsen Magermilch zur Vollmilch tun; solange das in geringer Menge geschieht, entsteht immer noch ein vollfetter Käse. Andere Käse wie der Glarner Schabziger und der saure Käse aus dem Montafon werden aus Magermilch gemacht. Auch käufliche Vollmilch ist oft auf nur 3,5% Fett eingestellt, der Rest wurde also als Rahm entfernt. Es gab früher auf der Alp Fälle, wo kein Käse, sondern nur Butter bereitet wurde. Dann verfütterte man die Magermilch an die Schweine.

Damit kommen wir zur Butter, die aus süßem oder saurem Rahm gewonnen wird, wobei als zusätzliches Produkt Buttermilch anfällt. Sauerrahmbutter ist besser haltbar als Süßrahmbutter. Besonders Weidebutter erfreut sich wegen ihres Geschmackes großer Beliebtheit. Wichtig ist Butter beispielsweise in der Kultur der Tibeter. Sie geben Yakbutter in den Tee und sie bereiten gar Kunstwerke aus Butter.

Butterfass auf einer Schweizer Alp

Buttermilch kann man als erfrischendes Produkt trinken. Den Rest kann man genauso wie Molke an die Schweine verfüttern.

Da Butter nur begrenzt haltbar ist und schnell ranzig wird, gibt es die Methode, sie zu klären bis hin zu Butterschmalz, auch bekannt unter dem indischen Namen Ghee (gesprochen mit langem *i*),[39] da es in Indien Tradition hat. Man entfernt alles, was kein Fett ist, so bleibt im Idealfall das Butterreinfett übrig.

Die »gute Butter« hat in den letzten Jahrhunderten mit der Konkurrenz durch Margarine zu kämpfen. Früher aß man Margarine, weil sie billiger ist. Als Butter immer mehr für breite Bevölkerungsschichten erschwinglich wurde, entwickelte die Margarineindustrie Mythen zur Verunglimpfung der Butter. Besonders in den 1970er und 80er Jahren wurde Butter wegen ihres Cholesterins als ungesund angeprangert. Heute weiß jeder einigermaßen informierte Mensch, dass das Unsinn ist. Diese Propaganda zieht also nur noch bei wenigen.

Gerne erwähnt wird der hohe Fett- und Energiegehalt. Dass Fett wichtig für das Gehirn ist und dass ein aktiver Körper Energie braucht, vergessen diejenigen Personen, die weder geistig noch körperlich aktiv sind. Aber für aktive Personen zieht dieses Argument nicht unbedingt.

Daher muss heute das Klima herhalten, ein Thema, das ohnehin in aller Munde ist. Da für 1 kg Butter etliche Kilogramm Milch benötigt werden, rechnen Schreibtischtäter gerne die gesamte Methanproduktion der Kühe auf die Butter um.[40] Dass neben der Butter noch Magermilch und Buttermilch anfallen, ist diesen Leuten offensichtlich nicht bewusst. Und dass die Kühe (oder sonstigen Milchtiere) zusätzlich zur Milch auch noch Dünger, Fleisch und Leder liefern, wird auch verschwiegen. Hier urteilen wieder einmal Theoretiker vom Sofa aus über das angeblich so schlechte Ressourcenmanagement in der Landwirtschaft, statt erst einmal soziale Kompetenz zu beweisen und die handelnden Personen zu befragen, wie sie es denn wirklich machen.

Selbstverständlich bestehen bei Butter wie bei allen Milchprodukten sowohl gesundheitlich als auch in Bezug auf die Emissionen große Unterschiede zwischen den Haltungs- und Produktionsformen. Pauschalaussagen über Butter haben keinerlei Wert.

Einem Vergleich mit Margarine hält lokal erzeugte Weidebutter in jeder Hinsicht stand. Denken wir nur an die ökologisch verheerenden Soja- und Palmölplantagen für Margarine. Als Natur- und Tierfreund zieht man ohnehin Butter als naturnahes Produkt vor. Butter kann regional und kleinbäuerlich erzeugt werden, Margarine ist immer ein zentralisiert erzeugtes Industrieprodukt.

Exkurs: Galaktophobie

Galaktophobie ist eine krankhafte Abneigung gegen Milch und deren Derivate, die oft zur Verbreitung hassgeleiteter Unwahrheiten und Halbwahrheiten führt. Wenn nikotinsüchtige Raucher, erzählen, Milch sei ungesund, legt das den Verdacht nahe, dass sie damit von der unbestrittenen Gesundheitsschädlichkeit ihres Lasters ablenken wollen.

Selbstverständlich hat Milch ihre Gegenanzeigen. Daraus aber zu schließen, sie sei nur ungesund, setzt voraus, dass man nur schwarzweiß denkt. Wer Milch nicht verträgt, sollte sie einfach nicht konsumieren, muss aber nicht deshalb krankhaft bemüht sein, anderen die Freude an Milch zu verderben. Um das zu tun, müssen schon ernste psychosoziale Störungen vorliegen.

So hört man von Ideologen immer wieder, Kühe würden zur Milchproduktion »dauerschwanger« gehalten. Wer nicht einfach aus Bosheit daherredet, sondern sich vorm Reden informiert, weiß: Milchkühe sollen maximal einmal im Jahr kalben, oft noch weniger. Nach einer Tragzeit von gut 9 Monaten werden sie normalerweise drei bis neun Monate ungedeckt gehalten. Ginge es nach dem Willen der Kühe, wären sie schon viel schneller wieder trächtig.

Völlig geschmacklos und uneinfühlsam ist es, die künstliche Besamung einer Kuh als »Vergewaltigung« zu titulieren. Das sind zwei Dinge, die überhaupt nichts miteinander zu tun haben. Dieser Vergleich verharmlost Vergewaltigungen. Die Frage, ob man Kühe besamt oder mit Natursprung decken lässt, wird in der Regel nach der Praktizierbarkeit entschieden. Die wenigsten Landwirte können sich danach richten, dass viele Außenstehende einen Natursprung schöner finden. Künstliche Besamung kommt auch in der Schweinezucht und in der Bienenzucht vor, hat also nicht nur mit Milchproduktion zu tun.[41]

Eine weiterer Unsinn ist, Milch enthalte Antibiotika. Selbstverständlich kommt es vor, dass Kühe und andere Milchtiere krankheitsbedingt Antibiotika bekommen müssen. Heute gibt man sie nicht mehr so unbedarft wie noch vor ein paar Jahrzehnten. Man muss dabei zwingend eine Absetzfrist einhalten, bevor die Milch wieder in den Verkehr gebracht werden darf. Auch für das Fleisch gilt eine Absetzfrist. In den Molkereien werden Hemmstofftests durchgeführt, die Antibiotikareste in der Milch finden, wenn doch mal welche hineingelangt sind. Dann wird der Betrieb gesperrt. Zum Käsen ist Milch mit Antibiotika nicht brauchbar, da diese negativ auf die Milchsäurebakterien wirken und der Käse dann unbrauchbar wird.

Auch die Behauptung, Milch würde Eiter und Blut enthalten, gehört in den Bereich dessen, was man heute als »alternative Fakten« bezeichnet. Jawohl, es kommt vor, dass Milch Blut oder Eiter enthält, wenn Erkrankungen oder Verletzungen vorliegen. Aber diese Milch darf nicht in den Verkehr gelangen. Somit ist das mögliche Vorkommen dieser Substanzen nur für das Arbeitspersonal relevant, nicht für die Konsumenten. Blut in der Milch ist zwar nicht gesundheitsschädlich, wird aber in unserem Kulturbereich meist als ungenießbar empfunden.

Oft hört oder liest man die Behauptung, der Mensch sei das einzige Säugetier, das artfremde Milch trinkt, und das sei nicht natürlich. Inwiefern das relevant ist, ist fraglich, tut doch der Mensch so manches, was andere Tiere nicht tun und was noch weniger natürlich ist. Es stimmt nicht einmal. Tipp: die Komfortzone verlassen und sich in der Realität umsehen. So habe ich beobachtet, wie Schweine aus eigener Entdeckung am Kuheuter saugten. Dass ein Schafslamm an einem Ziegeneuter trinkt, wenn es die Gelegenheit hat, ist nichts Außergewöhnliches.

Auch die Behauptung, andere Säugetiere würden als Erwachsene keine Milch mehr trinken, ist ein weltfremder Traum. Ich habe auch schon erwachsene Kühe bei anderen Kühen am Euter trinken sehen. Das ist nicht unbedingt Alltag, aber es kommt vor. Die Realität jenseits des Internets ist eben nicht immer mit den im Internet verbreiteten Stereotypen identisch. Wer sich auf »Natürlichkeit« beruft, sollte sich lieber mal in der Natur informieren als im Internet. Ein häufig nachgeplapperter Spruch von Milchgegnern ist: »Ich habe abgestillt.« Ja, in der Pubertät hat man meist das Bedürfnis, sich von den Kleinkindern abzusetzen.

Nicht selten behaupten weltfremde Personen boshaft, man würde den Kälbern oder den Kühen die Milch »stehlen«. Da es sich nicht um aneignende, sondern um kultivierende Wirtschaftsweise handelt, ist das

Wort »stehlen« sachlich falsch. Die Menschen leben nicht nur *von* ihren Tieren, sondern auch *für* sie und *mit* ihnen. Da die Menschen viel Arbeit für die Tiere tun, sich um Futter, Gesundheit und Klauenpflege kümmern, handelt es sich um eine Symbiose.

Gegen Käse wird manchmal ins Feld geführt, er enthalte viel Fett. Fett ist energiereich. Wer wenig körperliche und geistige Aktivität hat, sollte daher fette Nahrung mit Mäßigung konsumieren. Eine panische Angst vor Fett legt allerdings den Verdacht einer Magersucht nahe. Es gibt zudem Menschen, die aktiver sind als Ernährungsberater, sodass deren Regelkatalog für sie nicht gilt. Aktive Menschen benötigen energiereiche Nahrung (viele Kalorien), etwa wer sich viel mit dem Fahrrad fortbewegt. Diese Energie muss nicht vom Käse sein, aber sie *kann* es. Wer körperlich nicht so aktiv ist, benötigt oft entsprechend mehr fossile Energie zur Fortbewegung.

Ernährungslehren, die oftmals mit einer Galaktophobie einhergehen, sind Makrobiotik, Veganismus und Paläoernährung. So warf mir eine makrobiotische Ernährungsberaterin aggressiv an den Kopf, ich solle mich informieren, in Asien habe Milch keine Tradition. Als Agrarethnologe bin ich da besser informiert als sie und weiß, dass in weiten Teilen Asiens Milch sehr wohl Tradition hat, nur in Ostasien und Südostasien nicht. Und ich weiß, dass die von ihr propagierten Milchimitate in Ostasien auch keine Tradition haben. Und ich weiß als Ethnologe auch, dass ostasiatische Traditionen in Europa nicht zwangsläufig relevant sind und dass die Verklärung ferner Kulturen als Idealbild meist ein Ausdruck sozialer Probleme in der realen Umgebung ist.[42] Warum ziehen solche Leute nicht dorthin, wo Milch keine Tradition hat, wenn es sie stört, dass Menschen in ihrer Umgebung Milch konsumieren? Kann es sein, dass sie dort nach anderen Vorwänden suchen müssten, weil sie auch dort mit ihren Mitmenschen nicht zurechtkämen?

Eier

Bei der Geflügelhaltung steht oft die Eierproduktion im Vordergrund. Eier gehören zu den Nahrungsmitteln mit dem ausgewogensten Ernährungswert und schmecken vielen Menschen sehr gut. Heute wird im Handel die Haltungsform gekennzeichnet: Käfighaltung, Bodenhaltung oder Freilandhaltung. Viele Kunden verwechseln allerdings Bodenhaltung mit Freilandhaltung. Bodenhaltung findet im Stall statt, auch mit Auslauf. Parasiten können sich hier besser ausbreiten als im Freiland.

Die Anti-Cholesterin-Propaganda bis in die 1980er Jahre schädigte den Ruf des Eies. Niemand braucht Gesundheitssorgen wegen drei Eiern am Tag zu haben. Allenfalls sollte man fragen, wo die Eier herkommen und ob sie im konkreten Fall nachhaltig und tiergerecht erzeugt wurden.

Mancherorts werden die männlichen Küken gleich getötet, da die Hähne für die Eierproduktion nicht taugen. Will man das verhindern, ist es vermutlich die beste Lösung, Zweinutzungsrassen zu halten, also Rassen, von denen das Fleisch ebenso gut genutzt werden kann wie die Eier, sodass es sich lohnt, die Hähne auswachsen zu lassen und dann zum Verzehr zu schlachten.

Weitere Tierprodukte

Hier folgen Produkte, die in den Kosten-Nutzen-Rechnungen vieler Theoretiker keine Beachtung finden, die zum Teil dennoch wichtig sind.

Leder

Leder fällt bei der Haltung von Wiederkäuern an, wenn diese geschlachtet werden, sofern man die Häute der Schlachttiere gerbt.

Wenn wir Schuhe, Sandalen, Handschuhe, Jacken oder Rucksäcke aus Leder nutzen, vermeiden wir damit Plastik und Synthetikfasern, die überall Mikroplastik hinterlassen. Außerdem ist Leder strapazierfähig und damit für Arbeitsbekleidung geeignet. Allerdings haben wir beim Kauf von Lederprodukten zumeist keine Kontrolle über die Haltungsbedingungen der Tiere und über die Umweltfreundlichkeit des Gerbens.

Dass manche Menschen aus ideologischen Gründen Leder ablehnen, spielt ökologisch keine große Rolle, denn die meisten Menschen, die keine derartige Ideologie haben, tragen trotzdem mehr Synthetikprodukte als Leder. Zudem haben viele Lederprodukte einen Anteil an Synthetik, etwa die Sohlen der Lederschuhe.

Büffelfell wird zum Gerben vorbereitet.

Wolle

Wolle gewinnt man von Schafen und Alpakas, in geringerem Maße von Lamas, Yaks, Kaschmirziegen und Angorakaninchen.

Europäische Schafwolle hat heutzutage kaum Nachfrage. Deshalb werden vermehrt Haarschafe wie das Kamerunschaf gehalten, die man nicht scheren muss, auch Exlana-Schafe, deren Wolle von selber abfällt. Das verbleibende Produkt ist also Fleisch.

Um die Wanderschafhaltung wieder lukrativer zu machen, wäre es erstrebenswert, der Wolle wieder zu mehr Wertschätzung zu verhelfen. Sie ist ein umweltfreundliches Material. Allerdings muss diese Aussage wegen des Waschens mit Chemikalien relativiert werden. Wolle kann nicht überall pflanzliche und synthetische Fasern ersetzen, aber in etlichen Fällen kann sie es.

Gesponnene Alpakawolle in einem Alpakabetrieb

Wolle isoliert gut, da sie viel Luft enthält. Schafwolle kann ein Drittel ihres Gewichtes an Wasser aufnehmen, ohne sich feucht anzufühlen. Wenn man das Wollfett (Wollwachs, Lanolin) darin lässt, wirkt sie wasserabweisend. Außer Kleidern kann man aus ihr Isoliermaterial machen. Wärmende Bettdecken kann man mit Wollfüllung machen. Auch in Wänden dient Wolle der Isolation; allerdings muss man sie dort gegen Mottenfraß und Feuer imprägnieren. Im Gemüsegarten kann man Wolle als Mulchmaterial verwenden. So lässt sich auch grobe Schafwolle verwerten, die zum Verspinnen und für Kleidung ungeeignet ist.[43]

Die Technik des Filzens stammt aus Zentralasien. Dort ist sie wichtig für die Jurten der Mongolen. Nach Amerika gelangte diese Technik in der Kolonialzeit.

Im Gebiet des heutigen Peru spielte Wolle schon früh eine Rolle, seit der Chavín-Kultur (1200-300 v. u. Z.), lange vor dem Inkareich. Mit den Inkas breitete sich die Wollnutzung gemeinsam mit Lama und Alpaka auch in den Norden aus, ins Gebiet des heutigen Ecuador.[44] Auch wilde Vikunjas wurden zur Inkazeit gefangen und geschoren.

Im Norden Ecuadors haben die indigenen Otavaleños seit der Kolonialzeit auf der Grundlage von Schafwolle ein bedeutendes Kunsthandwerk entwickelt mit Kleidern, die sie bis nach Nordamerika vermarkten.

Lab

Der Labmagen junger Wiederkäuer erzeugt ein enzymhaltiges Sekret, das Milch gerinnen lässt, indem es das Kasein[45] (eines der Proteine) spaltet und dadurch wasserunlöslich macht. Dieses Sekret heißt Lab, das darin enthaltene Enzym, das diese Spaltung bewirkt, heißt Chymosin. Lab ist unverzichtbar zur Bereitung vieler Käse.

Zur Gewinnung dieses Enzyms müssen Kälber, Zicklein oder Lämmer jung geschlachtet werden. Sobald sie nicht nur Milch trinken, sondern auch fressen, enthält das Lab zunehmend weniger Chymosin und dafür Pepsin, das ähnlich, aber schwächer wirkt.

Mancherorts geschieht die Labbereitung noch handwerklich auf dem Betrieb. Dann sollten die Labmägen zwei bis drei Monate abhängen. Vielfach aber kauft man zum Käsen Lab, das es dünnflüssig, dickflüssig, als Pulver und in Tablettenform im Handel gibt, wobei man meist keine Kontrolle über die Haltungsbedingungen hat. Für Kuhmilch wird Kälberlab empfohlen, für Schafsmilch Lämmerlab und für Ziegenmilch Zickleinlab. Das muss aber nicht sein, ich habe schon Kuhkäse mit Lämmerlab, Ziegenkäse mit Kälberlab gemacht, das ging problemlos.

Da dieses Lab von Schlachttieren kommt, essen strenge Vegetarier keinen Käse mit tierischem Lab. Das Judentum verbietet den gemeinsamen Konsum von »Milchigem« und »Fleischigem« und damit auch Käse mit tierischem Lab, was aber heute nicht alle Juden so eng sehen.

Statt tierischem Lab kann man auch pflanzliches oder mikrobielles Lab nutzen. Man spricht bei solchen Produkten auch von Labaustauschstoffen. Die Enzyme sind andere als im tierischen Lab. Pflanzliches Lab wurde schon im Kapitel über Käse behandelt.

Blut

In manchen Kulturen hat der Konsum von Blut Tradition. So entnehmen die Maasai lebenden Rindern Blut, um dieses zu trinken. Häufiger aber ist es ein Nebenprodukt der Schlachtung. Als Nahrungsmittel ist es eine gute Eisenquelle.

In manchen Ländern Europas wird Blut, das bei der Schlachtung abgelassen wird, zu Blutwurst verarbeitet. Dazu gehört auch der in Irland und Großbritannien bereitete Black Pudding. Auch andere Wurst wird mit Blut bereitet. So gibt es auf den Balearen die Botifarra oder Butifarra, eine Wurst aus Schweinefleisch mit Blut (im Unterschied zur Sobrassada oder Sobrasada, die ohne Blut bereitet wird).[46]

Nebenprodukte der Tierhaltung im Alltag

Mehr als wir gemeinhin denken, ist unser Alltag von Tierprodukten geprägt. An vielen Stellen sind Produkte aus der Nutztierhaltung kaum mehr wegzudenken. Allerdings kann man insbesondere bei Schweineprodukten kaum davon ausgehen, dass sie aus Weide- beziehungsweise Freilandhaltung stammen.

Aus Haut und (weniger) Knochen wird Gelatine gewonnen. Gelatine kommt in Gummibärchen, medizinischen Kapseln und Fotopapier vor und wird zum Klären von Saft und Wein genutzt, um nur einige wenige Anwendungen zu nennen.

Ebenfalls aus Haut und Knochen wird Leim gewonnen. Hautleim dient als Bindemittel in Streichhölzern und manchem Schmirgelpapier. Knochenleim wird zum Kleben von Holz genutzt. Auch manche Hygieneprodukte wie Seifen und Zahnpasten enthalten Knochenprodukte. Wenn die Produkte den Hinweis »vegan« tragen, sind zwar definitionsgemäß keine direkten Tierprodukte darin, aber da meist die wichtigste Zutat der Seifen von Ölpalmen stammt, sind sie in dem Fall ökologisch verheerend und gehen mit immensem Tierleid einher, da den Tieren in Südostasien ihr Lebensraum genommen wird.

Schweineborsten (von Haus- und Wildschweinen) werden zu Pinseln und Bürsten verarbeitet.

Federn dienen als isolierendes Füllmaterial in Bettdecken, Kissen, Jacken und Schlafsäcken und sind logischerweise umweltfreundlicher als synthetische Produkte. Bei käuflichen Produkten mit Federn ist die Herkunft meist nicht nachzuvollziehen. Gänsefedern kommen oft aus Mastbetrieben, die wenig Rücksicht aufs Tierwohl nehmen. Eiderdaunen stammen aus Wildsammlung.

Kot und Urin

Mist und Jauche oder Gülle sind wichtige Produkte, die als Dünger genutzt werden. Somit kann man letztlich auch die mit diesen gedüngten Getreide und Gemüse in gewisser Weise als Tierprodukte ansehen. Die Wörter Jauche und Gülle werden in der Alltagssprache nicht immer streng unterschieden, Jauche ist der Urin der Tiere, Gülle oder Flüssigmist eine Mischung aus Urin und Kot. Festmist (oder einfach Mist) ist der Kot, als Stallmist meist mit Stroh oder einem sonstigen saugfähigen Material, etwa Sägemehl, das auch eine gehörige Menge Urin aufsaugt.

Abgesehen vom Dünger, den die Tiere gleich auf der Weide ablassen, handelt es sich hier um Produkte aus der Stallhaltung. Diese kann selbstverständlich mit Weidehaltung kombiniert sein.

Mist enthält zum einen Nährelemente wie Stickstoff (in Form von Nitrat und Ammonium), Kalium und Phosphor, zum anderen auch Humus. Durch den Humus erhöht er die Kapazität des Bodens, Nährstoffe anzulagern (Kationen- und Anionenaustauschkapazität), sodass weniger von ihnen ausgeschwemmt werden. Das ist ein wesentlicher Vorteil gegenüber mineralischen Düngern.

Auf der Alp bringt man den im Stall anfallenden Mist zum Teil auf die Weiden, sodass sich dort stellenweise Fettweiden bilden, die eine andere Vegetation aufweisen als die Magerweiden auf dem Rest der Fläche. Falls es einen Alpgarten gibt, kann man den auch mit kompostiertem Mist düngen (sinnvollerweise mit demjenigen vom Vorjahr) und erhält erstklassiges Gemüse.

In Gegenden ohne Baumwuchs wie in den Höhen des Himalayas und der Anden wird Kot, zum Beispiel Yakkot beziehungsweise Lamakot, auch als Brennmaterial genutzt. Das führt allerdings mit der Zeit zu einem Nährstoffentzug und verringertem Pflanzenwachstum.

Kartoffelernte auf Kuhmist im Alpgarten

Der Dung von Schafen, Ziegen und Alpakas hat eine ausgewogene Zusammensetzung. Schweinekot und Geflügelkot sind unverdünnt zu scharf. Pferdemist und Rindermist ergeben in der Mischung eine gute Zusammensetzung.

Da Tiere dem System keine Nährstoffe zufügen, sondern nur deren Umsetzung beschleunigen, kann man im Prinzip auch ähnliche Ergebnisse durch Kompostierung erreichen und die Arbeit den Regenwürmern und Springschwänzen überlassen. Allerdings dauert das länger und benötigt entsprechend mehr Fläche. Aus pragmatischen Gründen mag man sich für ein System ohne Tierhaltung entscheiden, nicht aber aus ökologischen Gründen.

Wer Gemüse isst, das mit Mist gedüngt ist, zieht Nutzen aus der Nutztierhaltung. Daran ändert auch ein Lippenbekenntnis zum Verzicht auf Tierprodukte nichts. Deshalb begegnen alle sozial kompetenten Menschen den Nutztierhaltern mit Dankbarkeit und Respekt für ihre Arbeit, unabhängig davon, ob sie selber Fleisch und/oder Milchprodukte zu sich nehmen. Oft sagen Nutztierverächter, man könne Gemüse auch ohne tierische Dünger anbauen. Sofern sie das tun, ist das sicher anzuerkennen. Aber solange sie nur untätig träumen und reden, ist das wertlos.

Hierzu eine Begebenheit: In unserer Nähe gab es ein veganes Restaurant. Die Betreiber wollten das Gemüse dafür selber anbauen. Als Veganer nutzten sie keine tierischen Dünger, aus mir nicht bekannten Gründen auch keine veganen Kunstdünger. So hatten sie wenig Ertrag. Schließlich kauften sie von uns biologisch angebautes Gemüse, mit kompostiertem Mist gedüngt, für ihr veganes Restaurant.

Mist oder Gülle lassen sich auch in Biogasanlagen vergären, auch gemeinsam mit unbrauchbaren Getreideresten, um Methan zum Verbrennen zu erzeugen. Damit kann man fossile Brennstoffe einsparen und zugleich den Methanausstoß in die Atmosphäre reduzieren. Der Gärrest ist sogar ein besserer Dünger als Gülle. Das ist ökologisch eine sinnvollere Ressourcennutzung, als extra Flächen und Stickstoffdünger zu verbrauchen, um Mais für Biogasanlagen anzubauen.[47]

Nutzen abseits materieller Produkte

Nicht nur die Produkte sind wichtig, sondern auch anderer Output der Tiere sollte in Kosten-Nutzen-Rechnungen nicht ganz untergehen.

Arbeitskraft

Jahrtausendelang wurden Nutztiere als Arbeitstiere eingesetzt. Heute sind sie vielfach dem Traktor und dem Auto gewichen. Letztere haben für die arbeitenden Personen etliche Vorteile. Umweltfreundlicher ist selbstverständlich der Einsatz von Tieren, den wir aber von niemandem erwarten können außer von uns selber.

Pferde, Esel, Lamas, Dromedare, Trampeltiere und Yaks wurden viel zum Lastentragen und zum Teil zum Reiten genutzt. Insbesondere in Gelände, wo keine Autos fahren können, kommt das immer noch vor. Besonders Pferde, aber auch Esel zogen Wagen und tun das bisweilen noch heute. Ölmühlen im Mittelmeergebiet zum Mahlen von Oliven hatten früher Pferdeantrieb.

Pferd als Lasttier in den Alpen

Noch vor hundert Jahren war es normal, dass Pferde oder Rinder den Pflug zogen. Der Pflug entwickelte sich in der Menschheitsgeschichte nur in Gegenden mit Zugtieren.[48] In den Anden durfte ich mit Ochsengespann pflügen und eggen. Unsere Tiere hatten gegenüber einem Traktor den entscheidenden Vorteil, dass sie ihr Futter selber suchten, also kaum Unterhaltskosten verursachten.[49] Auf dem amerikanischen Doppelkontinent gab es in vorkolonialer Zeit keine Zugtiere und folglich keinen Pflug.

Der Pflugbau ist historisch ein wichtiger Faktor für die Steigerung der Arbeitsproduktivität in der Nahrungsproduktion, was es ermöglichte, mehr Menschen von produktiven Tätigkeiten freizustellen für andere Tätigkeiten, von Verwaltung bis zu Kunst. Auch die Entstehung eines Stadt-Land-Gegensatzes setzte eine produktive Landwirtschaft voraus, wie sie ohne Pflug schwerer zu bewerkstelligen war. Deshalb gilt der Pflugbau als einer der Punkte, um den (umstrittenen) Begriff der »Hochkultur« zu definieren.

Eine wichtige Arbeit, die die Weidetiere erledigen, ist das Sammeln ihrer Nahrung. Solange sie auf der Weide sind, braucht man also keine fossilen Brennstoffe, wie ihn Erntemaschinen für Getreide und Kartoffeln brauchen. Das macht Weidewirtschaft umweltfreundlicher als den heute üblichen Ackerbau. Bei Bienen ist diese Sammeltätigkeit ohnehin unverzichtbar.

Der Autor beim Pflügen in den Anden (Foto: José Manuel Morales Iguago)

Selbstverständlich leisten die Weidetiere auch wertvolle Arbeitskraft zur Landschaftspflege, was in anderen Kapiteln näher beleuchtet wird. Wenn man die Landschaftspflege mit wirtschaftlichem Nutzen durch die Erzeugung diverser Produkte verbindet, ist das nachhaltiger, als wenn es ehrenamtliche Helfer machen, die oft nicht das Know-how haben und selten längerfristig dabei sind. Auch haben sie meist keine Möglichkeiten, Mähgut zu verwerten, während die Weidetiere das Pflanzenmaterial gleich vor Ort fressen.

Auch Gelände, das für Menschen zugänglich bleiben soll, kann von Weidetieren gemäht werden. Beispielsweise gibt es auf Menorca Schafe der lokalen Rasse (Menorquinisches Schaf) in archäologischen Stätten, wo sie das Gras kurz halten. Das ist auf jeden Fall klimafreundlicher als mit motorisierter Mähmaschine (Rasenmäher, Balkenmäher). Mit dem Essen ihres Fleisches leistet man einen Beitrag für Natur und Umwelt.

Wärme

Wärme ist ein bisweilen nützliches Nebenprodukt der Nutztiere. Tatsache ist, dass Säugetiere und Vögel mit ihren Körpern Wärme erzeugen. Man nannte diese Tiere früher Warmblüter, heute spricht man eher von endothermen oder gleichwarmen Tieren.

Bei winterlicher Stallhaltung vor allem von Rindern gibt es Wärme, die traditionell vielfach zur Erwärmung des Wohnraumes genutzt wird, wenn sich dieser über dem Stall befindet. Diesen Wert kannten unsere Altvorderen noch. Während der Weidesaison bleibt diese Wärme ungenutzt, ist auch weniger nötig, da es dann in der Regel ohnehin wärmer ist. Somit ist die Wärme genau genommen kein Produkt der Weidewirtschaft, wohl aber der Nutztiere, die zeitweise auf der Weide sind.

Wohlbefinden

Wohl fast jeder Mensch, der ein Heimtier hat oder hatte, ob Katze, Hund, Goldhamster oder Wellensittich, weiß gut, dass der enge Kontakt zu den Tieren sich angenehm auf das Wohlbefinden auswirken kann. Das sollten wir bei Kosten-Nutzen-Analysen nicht ganz vergessen.

So kann auch die Arbeit mit Nutztieren der Psyche gut tun, besonders auf der Weide. Allerdings sind solche Wirkungen sehr individuell. Wer die Tiere nicht liebt, sollte nicht mit ihnen arbeiten. Ein Mensch, der ohne Tierliebe in der Nutztierhaltung arbeitet, wäre auch für die Tiere eine Zumutung.[50]

Aufwertung der Landschaft

Durch die Beweidung bekommt auch die Landschaft zusätzlichen Wert.

Ökologische Aufwertung

Der ökologische Nutzen der Weidewirtschaft und der Wert der Weideökosysteme werden an anderen Stellen dieses Buches detaillierter dargestellt. Hier soll nur kurz daran erinnert werden, dass dieser Nutzen in Kosten-Nutzen-Rechnungen mit eingehen sollte.

Die Weidewirtschaft pflegt wertvolle Ökosysteme, auf deren Biodiversität noch näher einzugehen sein wird. Mancherorts werden Tiere auch einfach zur Landschaftspflege eingesetzt, ohne dass man Produkte von ihnen nutzt, dann nutzt man nur ihre Arbeitskraft. Das muss aber irgendwie finanziert werden. Wirtschaftlich gesehen, ist das Ressourcenverschwendung. Bei Ausweitung des Konzeptes erfordert es an anderen Stellen eine Intensivierung, um den mangelnden Output auszugleichen. Die Doppelfunktion der Fläche als Ökosystem und zur Nahrungserzeugung ist also sowohl ökonomisch als auch ökologisch günstiger.

Ökonomische Aufwertung

Weideland bietet außer dem Nutzen für die Weidetiere noch weitere Nutzungsmöglichkeiten. Erholungssuchende finden in Gelände mit bunt blühendem Grünland oft das, was sie suchen.

Weiterhin findet man einige beliebte Heilpflanzen auf Weideland. Etwa die Arnika (*Arnica montana*) findet sich stellenweise häufig auf silikatischen Gebirgsmagerweiden. Der Gelbe Enzian (*Gentiana lutea*), aus dessen Wurzeln Schnaps bereitet wird, gedeiht ebenfalls auf Gebirgsmagerweiden. In der mediterranen Garigue findet man viele Würzpflanzen aus der Familie der Lippenblütler, wie wir noch sehen werden.

Auf silikatischen Gebirgsweiden gibt es gelegentlich weite Flächen von Heidelbeeren (*Vaccinium myrtillus*) und/oder Preiselbeeren (*Vaccinium vitis-idaea*). Sie reduzieren den Weidewert, erhöhen aber zur Zeit der Beerenreife die Lebensqualität der Hirten. Auch Wald-Erdbeeren (*Fragaria vesca*) sind auf Weiden nicht selten. Wenn Spaziergänger hier Beeren[51] sammeln, profitieren auch sie von der Weidewirtschaft. Selbstverständlich gibt es dieses Wildobst auch andernorts, etwa im Wald. Dennoch sollte man beim Beerensammeln auf der Weide dankbar daran denken, dass man in diesem Fall Nutzen aus der Weidewirtschaft zieht. Auch manche essbaren Pilze kann man auf Weiden finden.

Auf meinen Exkursionen waren manche Teilnehmenden besonders an der Nutzung der Wildpflanzen interessiert. Ich habe ihnen gerne davon erzählt, manche konnten mir etwas beibringen, aber ich bin immer wieder auch auf ökologische Zusammenhänge eingegangen, denn die Pflanzen kommen ja nicht einfach aus dem Nichts. Manche der Landschaften verdankten wir den Hirten mit ihren Herden. Die meisten waren respektvoll gegenüber Natur und Mitmenschen. Es ist mir wichtig, auf meinen Exkursionen einen solchen Respekt zu vermitteln. Wer Wildpflanzen sammelt, sollte nicht nur an der Ausbeutung der Natur interessiert sein, sondern auch Interesse an ökologischen und soziokulturellen Hintergründen haben. Die Welt gehört nicht uns.

Da Grünland – und Weideland in besonderem Maße – auch für Honigbienen interessant ist, können auch die Bienenprodukte Weideprodukte sein. Außer Honig (zum Beispiel Kleehonig) gehören dazu Wachs, Gelée royale, kulinarisch genutzter Pollen und medizinisch genutztes Bienengift (Apitoxin). Auch die mediterrane Garigue hat ein Blütenmeer für Bienen zu bieten. Daher stammt beispielsweise der beliebte Thymianhonig. Auch Heidehonig ist ein Stück weit auf Weidetiere angewiesen, denn zur Blütezeit des Heidekrauts (*Calluna vulgaris*) sind viele Spinnen unterwegs, deren Netze den Bienen den Weg zu den Blüten versperren; wandernde Schafe zerreißen die Spinnennetze und öffnen den Bienen so einen Zuweg zu den Blüten.[52]

Und zuletzt sei daran erinnert, dass Tiere auf der Weide auch die Dorfstruktur beleben und damit eine soziale Funktion erfüllen.

Weideökologie

Hier stelle ich Teile der Weidebiozönosen vor, wie sie von Mitteleuropa bis zum Mittelmeergebiet auftreten. Viele der dort lebenden Pflanzen und Tiere sind heute typische Arten des Kulturlandes.

An Magerstandorten haben Pflanzen mit symbiotischen Bakterien in den Wurzeln, die Luftstickstoff binden, einen gewissen Selektionsvorteil. Dazu gehören die Schmetterlingsblütler, aber auch zum Beispiel die Erlen (*Alnus*) und im Hochgebirge die Silberwurz (*Dryas octopetala*).

Die verbreiteten Lebensformen auf Grünland sind Geophyten und Hemikryptophyten, Pflanzen, die die ungünstige Jahreszeit (in Mitteleuropa den Winter, im Mittelmeergebiet vielfach den trockenen Sommer) mit ihren Erneuerungsknospen im Boden oder wenig darüber überdauern. Zu den Geophyten gehören Orchideen und Zwiebelgewächse wie die Herbstzeitlose (*Colchicum autumnale*). Zu den Hemikryptophyten gehören viele Gräser und die Rosettengewächse wie Löwenzahn (*Taraxacum officinale*) und Spitzwegerich (*Plantago lanceolata*).

Pflanzengesellschaften des Grünlandes in Mitteleuropa

> »Heute steht im Vordergrund des Interesses die Ökologie und Soziologie der Pflanzen. Die Pflanzensoziologie insbesondere hat uns einen Weg gezeigt, auf dem die ganzen theoretischen und praktischen Bedürfnisse vom Blickpunkt der Pflanzengesellschaft aus befriedigt werden.«
>
> Erich Oberdorfer[53]

Wie aus dem Zitat des großen Pflanzensoziologen Oberdorfer zu ersehen, betrachtet man heute Pflanzen nicht nur isoliert als Individuen oder als Art, sondern auch in Bezug auf ihre Vergesellschaftung, also welche Arten unter welchen ökologischen Bedingungen miteinander vorkommen. Um die Erwähnung von ein paar Fachausdrücken kommen wir hier nicht herum, aber die muss sich niemand merken außer den Fachleuten.

In der Pflanzensoziologie klassifiziert man die Pflanzengesellschaften nach Charakter- und Differenzialarten unter den Pflanzen. Darauf will ich nicht im Detail eingehen, da es gewiss nur für Fachleute interessant ist. Die Pflanzensoziologen sind sich oft uneins über die Klassifikationen der Pflanzengesellschaften, diese sind also keineswegs objektiv. Ich richte mich hier nach der Pflanzensoziologin Otti Wilmanns und zum Teil ihrem Lehrmeister Erich Oberdorfer.

Klasse verschiedenen Wirtschaftsgrünlandes

Die genannten Pflanzensoziologen fassen verschiedene, aber nicht alle Gesellschaften des Wirtschaftsgrünlandes zu einer Klasse zusammen (wissenschaftlicher Name: Molinio-Arrhenatheretea). Es handelt sich um Formationen, die von Gräsern dominiert sind und die dank der Bewirtschaftung durch Menschen entstanden sind und weiterhin bestehen. In den meisten Fällen befände sich dort ohne Bewirtschaftung Wald als potenzielle natürliche Vegetation. Unter den verschiedenen Assoziationen innerhalb dieser Klasse seien hier drei exemplarisch aufgeführt.

Die Weidelgrasweide (Lolio-Cynosuretum) ist eine ertragreiche Intensivweide von der Ebene bis in niedere Gebirgslagen (planare bis submontane Stufe). Wichtige Gräser sind das Kammgras (*Cynosurus cristatus*) und das Wiesen-Lieschgras (*Phleum pratense*).

Die Glatthaferwiese (Dauco-Arrhenatheretum elatioris) ist die Mähwiese der grundwasserfernen, gut gedüngten Standorte. Neben dem namengebenden Glatthafer (*Arrhenatherum elatius*) findet man Wilde Möhre (*Daucus carota*), Weißes Labkraut (*Galium album*) und Wiesen-Storchschnabel (*Geranium pratense*).

Die Goldhaferwiese (Trisetetum flavescentis) ist im Gebirge zu finden. Außer dem Goldhafer (*Trisetum flavescens*) gedeihen hier Frauenmantel (*Alchemilla vulgaris agg.*), Frühlingskrokus (*Crocus albiflorus*), Schwarze Teufelskralle (*Phyteuma nigrum*) und viele andere Arten.[54]

Halbtrockenrasen

Die Trespen-Halbtrockenrasen (Mesobromion) sind extensiv genutzte Magerrasen auf Kalk. Namengebend ist die Aufrechte Trespe (*Bromus erectus*).

Einige Pflanzen dieser Gesellschaft: Silberdistel (*Carlina acaulis*), Helm-Knabenkraut (*Orchis militaris*), Dornige Hauhechel (*Ononis spinosa*), Knollen-Hahnenfuß (*Ranunculus bulbosus*), Bienen-Ragwurz (*Ophrys apifera*), Warzen-Wolfsmilch (*Euphorbia verrucosa*), Spinnen-Ragwurz (*Ophrys sphegodes*), Wundklee (*Anthyllis vulneraria*), Affen-Knabenkraut (*Orchis simia*), Esparsette (*Onobrychis viciifolia*).[55]

Zwei wichtige Assoziationen seien genannt:

Die Esparsetten-Halbtrockenrasen (Mesobrometum) sind Mähwiesen, die reich an Orchideen und sonstigen bunt blühenden Pflanzen sind. Häufige Pflanzen dieser Gesellschaft sind die namengebende Esparsette (*Onobrychis viciifolia*) und die Hundswurz (*Anacamptis pyramidalis*).

Die Enzian-Halbtrockenrasen (Gentiano-Koelerietum) sind Schafweiden und daher in unserem Zusammenhang besonders wichtig. Hier dominieren weidefeste Gräser wie der Schafschwingel (*Festuca ovina*) und die Fieder-Zwenke (*Brachypodium pinnatum*), die nur in jungem Zustand gefressen werden. Durch die Beweidung haben bitterstoffreiche Pflanzen wie der Fransenenzian (*Gentiana ciliata*) und der Deutsche Enzian (*Gentiana germanica*) sowie dornig bewehrte Pflanzen wie die Stängellose Kratzdistel (*Cirsium acaule*) einen Selektionsvorteil.

Borstgrasrasen

Bei den Borstgrasrasen (Nardetalia) handelt es sich um Weideland im Gebirge auf saurem Boden. In aller Regel war die natürliche Vegetation Wald, der gerodet wurde.

Charakterpflanzen dieser Gesellschaft sind die Arnika (*Arnica montana*), das Borstgras (*Nardus stricta*), unter den Farnen die unscheinbare Mondraute (*Botrychium lunaria*), unter den Orchideen die von Nachtfaltern bestäubte Hohlzunge (*Coeloglossum viride*).

Die mediterrane Garigue

Im Mittelmeergebiet gibt es die Formationen der Macchia und der Garigue (oder Garrigue), die beide dem menschlichen Wirken zu verdanken sind. Terminologisch werden sie oft nicht streng unterschieden. Bisweilen bezeichnet man sie als Degradationsgesellschaften. Diese Einordnung sollte uns nicht über die Tatsache hinwegtäuschen, dass sie einige Biodiversität zu bieten haben.

Die Macchia besteht aus Sträuchern und kleinen Bäumen. Die Garigue ist eine Strauchlandschaft, die von Zwergsträuchern dominiert ist und sich mit Grasland abwechselt. Sie entsteht durch Beweidung und besteht aus denjenigen Pflanzen, die von den Weidetieren wenig bis gar nicht gefressen werden. Viele Arten sind reich an ätherischen Ölen und werden deshalb von den Tieren gemieden. Für die Menschen sind viele von ihnen als Würz- und Heilkräuter interessant. Das betrifft insbesondere Arten aus der Familie der Lippenblütler (Lamiaceae). Wenn die Garigue nicht mehr genutzt wird, geht sie meist in Macchia über und kann auf die Dauer wieder bewalden.

Zu den Lippenblütlern der Garigue gehören der Rosmarin (*Salvia rosmarinus*) und verschiedene Thymian-Arten, außer den eigentlichen Thymianen (*Thymus*) auch der Kopfthymian (*Thymbra capitata*), weiterhin verschiedene Arten Lavendel (*Lavandula*). Krautige Vertreter der Familie sind diverse Arten der Minze (*Mentha*), auch die Kleinblütige Bergminze (*Calamintha nepeta*).

Weitere Pflanzen sind Arten der Zistrose (*Cistus*) und der Gladiole (*Gladiolus*), Orchideen der Gattungen Ragwurz (*Ophrys*) und Knabenkraut (*Orchis*), etliche Arten Wolfsmilch (*Euphorbia*) wie die Gesägte Wolfsmilch (*Euphorbia serrata*) und das Einjährige Gänseblümchen (*Bellis annua*).

Die Zwergstrauchformationen bilden Mosaike mit Grasland und bleiben dadurch zur Beweidung interessant. Zu den mediterranen Gräsern gehören der Taube Hafer (*Avena sterilis*), das Große Zittergras (*Briza maxima*), die Großährige Trespe (*Bromus diandrus*) und die auch in Mitteleuropa verbreitete Einjährige Rispe (*Poa annua*), um nur einige wenige zu nennen. Eine weitere Art des Grünlandes ist das auch in Mittel- und Nordeuropa häufige Hirtentäschel (*Capsella bursa-pastoris*).[56]

Garigue auf der Balearen-Insel Formentera

Faktoren, die die Vegetation beeinflussen

Die tatsächliche Artenzusammensetzung der Vegetation auf der Weide hängt selbstverständlich von vielen Faktoren ab.

Manche Pflanzen wachsen auf Kalkböden, andere auf silikatischen Böden. Ein bekanntes Beispiel sind die Alpenrosen: Auf Kalk gedeiht die Behaarte Alpenrose (*Rhododendron hirsutum*), auf Silikat die Rostrote Alpenrose (*Rhododendron ferrugineum*). Diese Erscheinung, dass sich zwei nah verwandte Sippen unter unterschiedlichen ökologischen Bedingungen gegenseitig vertreten, nennt man ökologische Vikarianz.

Die Höhenlage ist sehr wichtig. Im Tiefland und in den verschiedenen Stufen des Gebirges gibt es unterschiedliche Arten. So ist der Wiesen-Storchschnabel (*Geranium pratense*) eher in wärmeren Tieflagen vorhanden und in der Schweiz selten, in höheren Lagen findet man dagegen den Wald-Storchschnabel (*Geranium sylvaticum*), trotz seines Namens auch viel auf Grünland. Gerade im Hochgebirge weisen Magerweiden eine besondere Artenvielfalt auf.

Die Feuchtigkeit ist wichtig, sowohl das Niederschlagsregime als auch der Wasserhaushalt im Boden. So kommt der Scharfe Hahnenfuß (*Ranunculus acris*) auf frischen Böden vor (in der Bodenkunde bezeichnet »frisch« einen Feuchtewert zwischen feucht und trocken), der Knollige Hahnenfuß (*Ranunculus bulbosus*) auf trockenen.

Auch die Exposition, die an Nord- und Südhängen zu unterschiedlicher Besonnung führt, kann entscheidend sein. Weidepflanzen sind tendenziell Lichtpflanzen; Schattenpflanzen wie im Wald findet man auf Weiden allenfalls mal im Schatten von Weidebäumen oder Felsen.

Die Nährstoffversorgung ist ein sehr wichtiger Faktor. Mit stärkerem Nährstoffangebot verschiebt sich die Artenzusammensetzung zu wenigen konkurrenzstarken Arten. Auf nährstoffarmem (Fachausdruck: oligotrophem), vor allem stickstoffarmem, Grünland ist die Artenvielfalt bedeutend größer. Es hat zwar insgesamt weniger Futter pro Flächeneinheit für die Weidetiere zu bieten, aber dieses in einer ausgewogeneren Zusammensetzung, sodass die Weidetiere tendenziell robuster sind.

Nährstoffarme Standorte haben Seltenheitswert, da der Nährstoffgehalt der Böden durch Immissionen allgemein zunimmt. Hier können sich auch konkurrenzschwache Arten erhalten, die bei guter Nährstoffversorgung von konkurrenzstärkeren Pflanzen verdrängt werden. In der Ökologie unterscheiden wir hier zwischen der synökologischen Amplitude und der autökologischen Amplitude einer Art: Magerkeitszeiger sind meist Pflanzen, die für sich alleine (Autökologie) auch an nährstoffreichen Standorten gedeihen können. In der Natur sind sie aber immer der Konkurrenz anderer Arten ausgesetzt (Synökologie), sodass konkurrenzschwache Arten kaum reale Chancen haben, sich durchzusetzen.

Extremen Nährstoffreichtum trifft man in der Nähe der Ställe an. Dort ist die mehrjährige Große Brennnessel (*Urtica dioica*) häufig, die für diverse Schmetterlinge eine wichtige Raupenfutterpflanze ist. Auf den Balearen, wo diese Art fehlt, wird sie durch einjährige Brennnessel-Arten vertreten, insbesondere die Geschwänzte Brennnessel (*Urtica membranacea*), auch die Pillen-Brennnessel (*Urtica pilulifera*). Im Gebirge ist auch der Gute Heinrich (*Chenopodium bonus-henricus*) häufig. Auf Viehlägern auf Gebirgsweiden ist eine typische Pflanze der Alpen ampfer (*Rumex alpinus*), in der Schweiz Blagge oder Blatsche genannt, der außer in den Alpen auch in den Hochlagen des Schwarzwaldes vorkommt (ob natürlich oder von Menschen eingeführt, ist strittig) und dessen Blätter früher zum Einwickeln von Butter genutzt wurden.

Die Besatzdichte der Tiere und die Tierart spielen selbstverständlich auch eine Rolle für die Artenzusammensetzung. Schafe fressen tiefer als Rinder, Ziegen fressen auch Gehölze. Pferde können trockenes Material verdauen, das für Wiederkäuer zu wenig Nährstoffe zu bieten hat.

Der Geobotaniker Heinz Ellenberg erstellte für viele Pflanzen ökologische Zeigerwerte, die angeben, unter welchen Bedingungen (Feuchte, pH-Wert, Nährstoffversorgung …) sie vorkommen, und zwar im Gelände unter Konkurrenzbedingungen (die synökologische Amplitude).

Ein paar Pflanzenfamilien

Hier werden beispielhaft ein paar Familien mit ihrer Bedeutung auf Grünland und insbesondere Weiden beschrieben.

Auf einer Kuhalp in den Kalkalpen im Kanton Schwyz machte ich im Monat Juli eine Bestandsaufnahme der Gefäßpflanzen (Blütenpflanzen, Farne und Bärlappe). Ich fand gut 250 Arten, nicht alle auf der Weide, auch etliche im Wald, sodass auch Schattenpflanzen darunter sind. Zu den Pflanzenfamilien nenne ich jeweils die Arten, die ich fand.[57]

Gräser

Die Gräser (Poaceae) haben eine Koevolution mit den Wiederkäuern durchgemacht. Sie vertragen Biss sehr gut. Ihre Verdauung bedarf wegen des hohen Gehaltes an Zellulose besonderer Anpassungen. Bei Wiederkäuern ist das ein Verdauungssystem mit vier Mägen und im Pansen Bakterien, die die Zellulose aufschließen. Bei Pferden sind diese Bakterien im Blinddarm.

Gräser werden vom Wind bestäubt (Fachausdruck für Windbestäubung: Anemophilie). Das ist eine typische Strategie von Pflanzen, die in großen Beständen wachsen. Denn so ist die Wahrscheinlichkeit erhöht, dass ein Pollenkorn auf die Narbe einer Pflanze derselben Art trifft.

Viele Gräser haben hohe Futterwerte. Der Futterwert wird in der Landwirtschaft mit Zahlen von -1 bis 8 angegeben. Giftpflanzen haben (unabhängig vom Grad der Giftigkeit) den Wert -1, Pflanzen ohne Futterwert den Wert 0 und Futterpflanzen einen Wert von 1 bis 8. Die höchste Wertigkeit wird nur von Gräsern und Schmetterlingsblütlern erreicht.

Von Kühen ausgerissenes Borstgras

An nährstoffreicheren Standorten kann man Wiesenrispe (*Poa pratensis*), Knaulgras (*Dactylis glomerata*) und Goldhafer (*Trisetum flavescens*), im Hochgebirge auch die Läger-Rispe (*Poa supina*) finden.

Auf Magerweiden des Gebirges findet man an unterschiedlichen Standorten das Borstgras (*Nardus stricta*) und die Alpenrispe (*Poa alpina*). Ersteres wird vom Rindvieh zwar ausgerissen, aber nicht gefressen. Auf Kalkmagerrasen ist die Aufrechte Trespe (*Bromus erectus*) häufig. Der Schafschwingel (*Festuca ovina*) hat seinen Namen vom Vorkommen auf Schafweiden.

Bestandsaufnahme Schwyzer Alp: Gräser

Hunds-Quecke (*Agropyron caninum*), Wiesen-Fuchsschwanz (*Alopecurus pratensis*), Ruchgras (*Anthoxanthum odoratum*), Zittergras (*Briza media*), Kammgras (*Cynosurus cristatus*), Knaulgras (*Dactylis glomerata*), Rasen-Schmiele (*Deschampsia caespitosa*), Hoher Schwingel (*Festuca altissima*), Wiesenschwingel (*Festuca pratensis*), Ausdauernder Lolch (Deutsches Weidelgras, *Lolium perenne*), Nickendes Perlgras (*Melica nutans*), Borstgras (*Nardus stricta*), Alpen-Lieschgras (*Phleum alpinum*), Alpenrispe (*Poa alpina*), Wiesenrispe (*Poa pratensis*), Lägerrispe (*Poa supina*), Gemeine Rispe (*Poa trivialis*), Goldhafer (*Trisetum flavescens*)

Orchideen

Verbreitet sind auf Magerweiden Orchideen (Orchidaceae). Zum Keimen brauchen die Samen einen symbiotischen Pilz. Orchideen bilden sehr viele winzige Samen aus, von denen nur wenige keimen. In der Ökologie spricht man hier von r-Strategen. Diese sind an instabile Ökosysteme angepasst. Bei Veränderungen im Ökosystem kann es passieren, dass auf einmal Massen von Orchideensamen keimen. Orchideen können also Teil der Pioniervegetation bei Entwaldung sein. So fand ich einige Monate nach einem Waldbrand auf Ibiza an der betreffenden Stelle massenweise Hundswurz (*Anacamptis pyramidalis*). So schnell, wie die Pflanzen erschienen sind, können sie auch wieder verschwinden.

Bestandsaufnahme Schwyzer Alp: Orchideen

Fuchs-Knabenkraut (*Dactylorhiza fuchsii*), Breitblättriges Knabenkraut (*Dactylorhiza majalis*), Mücken-Händelwurz (*Gymnadenia conopsea*), Herz-Zweiblatt (*Listera cordata*), Brand-Knabenkraut (*Orchis ustulata*), Weiße Waldhyazinthe (*Platanthera bifolia*), Kugelorchis (*Traunsteinera globosa*)

Auf Dauergrünland haben Orchideen die Möglichkeit, über Jahre hinweg zu bestehen. Gerade im Gebirge gibt es auf Weideland einen Reichtum an Orchideen, häufig etwa das Fuchs-Knabenkraut (*Dactylorhiza fuchsii*), das Brand-Knabenkraut (*Orchis ustulata*), die Mücken-Händelwurz (*Gymnadenia conopsea*), das Schwarze Kohlröschen (*Nigritella nigra*) und viele andere.

Auf den Balearen, wo es hauptsächlich Kalkböden und verwandte Böden gibt, sind verschiedene Arten der Ragwurz (*Ophrys*) anzutreffen, darunter die endemische Balearen-Ragwurz (*Ophrys balearica*) und die Spiegel-Ragwurz (*Ophrys speculum*), unter anderem in den Garigues und an Wegrändern. Die Arten dieser Gattung haben sehr spezifische Bestäuber. Sie haben eine Koevolution mit Insekten durchgemacht, die Blüten imitieren die Weibchen der Arten in Aussehen und Geruch und locken dadurch die Männchen an, die sie bestäuben.

Balearen-Ragwurz

Sauergräser

Die Sauergräser (Cyperaceae) sind keine typischen Weidepflanzen. Die Seegras-Segge (*Carex brizoides*) kommt am ehesten großflächig vor. An Feuchtstellen auf Weiden treten diverse Sauergräser auf, in erster Linie Seggen (*Carex*). Die Weidetiere verschmähen die Sauergräser und verschaffen ihnen dadurch einen Selektionsvorteil.

> **Bestandsaufnahme Schwyzer Alp: Sauergräser**
> Seegras-Segge (*Carex brizoides*), Stern-Segge (*Carex echinata*), Blaugrüne Segge (*Carex flacca*), Hasenfuß-Segge (*Carex leporina*), Hirsen-Segge (*Carex panicea*), Rispen-Segge (*Carex paniculata*), Schnabel-Segge (*Carex rostrata*), Wald-Segge (*Carex sylvatica*), Schmalblättriges Wollgras (*Eriophorum angustifolium*)

Doldengewächse

Doldengewächse (Apiaceae) werden vielfach von Fliegen oder Käfern bestäubt. Einige wie der Kümmel (*Carum carvi*) und die Wilde Möhre (*Daucus carota*) sind auf Weiden vertreten, an nährstoffreichen Standorten auch der Bärenklau (*Heracleum sphondylium*).

> **Bestandsaufnahme Schwyzer Alp: Doldengewächse**
> Wald-Engelwurz (*Angelica sylvestris*), Sterndolde (*Astrantia major*), Berg-Hasenohr (*Bupleurum ranunculoides*), Kümmel (*Carum carvi*), Behaarter Kälberkropf (*Chaerophyllum hirsutum*), Bärenklau (*Heracleum sphondylium*), Meisterwurz (*Peucedanum ostruthium*), Große Bibernelle (*Pimpinella major*), Sanikel (*Sanicula europaea*)

Auf Gebirgsweiden, etwa im Schwarzwald, findet man die Mutterwurz (*Ligusticum mutellina*) und die Bärwurz (*Meum athamanticum*). Der Wiesenkerbel (*Anthriscus sylvestris*) kommt auf Fettwiesen vor, ist aber nicht weidefest.

Schmetterlingsblütler

Die Schmetterlingsblütler (Fabaceae) zeichnen sich fast alle dadurch aus, dass sie in den Wurzeln Knöllchenbakterien (meist der Gattung *Rhizobium*) haben. Diese binden den Luftstickstoff und machen ihn pflanzenverfügbar. Dadurch können viele Schmetterlingsblütler auch an mageren Standorten wachsen, also an solchen, wo wenig Stickstoff in Form von Nitrat im Boden ist. Sie düngen den Boden auch für andere Pflanzen. Diese Eigenschaft nutzt man auch in der Landwirtschaft zur Gründüngung, traditionell auch in Mischkulturen.[58]

Auf dem Acker gehören zu den Schmetterlingsblütlern die Hülsenfrüchte, darunter auch Futterleguminosen wie die Luzerne (*Medicago sativa*). Auf Grünland sind es unter anderem verschiedene Klee- (*Trifolium*) und Wicken-Arten (*Vicia*), auf Magerweiden auch die Kriechende Hauhechel (*Ononis repens*).

Bestandsaufnahme Schwyzer Alp: Schmetterlingsblütler

Wundklee (*Anthyllis vulneraria*), Alpentragant (*Astragalus alpinus*), Wiesen-Platterbse (*Lathyrus pratensis*), Hornklee (*Lotus corniculatus*), Hopfenluzerne (*Medicago lupulina*), Braunklee (*Trifolium badium*), Bergklee (*Trifolium montanum*), Rotklee (*Trifolium pratense*), Weißklee (*Trifolium repens*), Zaunwicke (*Vicia sepium*), Waldwicke (*Vicia sylvatica*)

Schmetterlingsblütler haben, sofern sie nicht giftig sind, hohe Futterwerte für die Weidetiere und konkurrieren da nur mit den Gräsern. In der Landwirtschaft spricht man von Leguminosen. Das sind die Hülsenfrüchtler. Zu den Leguminosen gehören, genau genommen, noch die Mimosengewächse (Mimosaceae) und die Caesalpiniengewächse (Caesalpiniaceae), zwei Familien[59] tropischer und subtropischer Gehölze. Für die mitteleuropäische Weidewirtschaft sind sie irrelevant. In der afrikanischen Savanne liefern unter den Mimosengewächsen diverse Akazien (*Acacia*) mit ihren Blättern Zusatzfutter für Grasfresser. Im Mittelmeergebiet liefert der Johannisbrotbaum (*Ceratonia siliqua*) aus der Familie der Caesalpiniengewächse Hülsen, die von Schafen und Schweinen gefressen werden und auch für Menschen essbar sind.

Auf den Balearen findet man auf Grünland unter anderem die Rote Platterbse (*Lathyrus cicera*) und den Vogelfuß-Hornklee (*Lotus ornithopodioides*). Strauchige Vertreter der Familie in der Garigue sind der Ruten-Wundklee (*Anthyllis cytisoides*), der Kleinblütige Stechginster (*Ulex parviflorus*) und die Gelbe Hauhechel (*Ononis natrix*).

Dank den stickstoffbindenden Bakterien sind diese Pflanzen reich an Protein.[60] Als Futterpflanzen haben sie entsprechend hohe Futterwerte. Allerdings gibt es auch Leguminosen, die giftige Proteine enthalten.

Spezielle Pflanzengruppen

Schmarotzer

Schmarotzer oder Parasiten unter den Pflanzen sind solche, die anderen Pflanzen Wasser und Nährstoffe und/oder Assimilate entziehen.

Vollschmarotzer oder Holoparasiten haben kein Chlorophyll und sind somit nicht zur Photosynthese befähigt, sind also heterotroph wie Tiere und Pilze. Sie saugen die organischen Substanzen von anderen Pflanzen, da sie sie selber nicht erzeugen können. Von diesen kommen auf Weiden gewisse Arten der Sommerwurz (*Orobanche*) vor, die zumeist mehrjährig sind. Die Arten sind oft nicht leicht zu unterscheiden. Jede Art hat ihre speziellen Wirte, oft mehr als eine Wirtsart. Sie kommen aufgrund ihrer Wirtsspezifität in der Regel nicht in solchen Beständen vor, dass sie das Grünland ernsthaft schädigen. Dagegen schädigt die mediterrane Kerbige Sommerwurz (*Orobanche crenata*) Hülsenfrüchte auf dem Acker bis zum Totalausfall. Hier haben wir ein Beispiel für die leichtere Verwundbarkeit von Monokulturen.

Ein windender Vollschmarotzer aus der Familie der Windengewächse (Convolvulaceae) ist die einjährige Quendel-Seide (*Cuscuta epithymum*). Man findet sie sowohl auf Alpenweiden als auch im mediterranen Grünland. In Mitteleuropa gibt es noch andere Arten der Gattung, während auf den Balearen diese Art die einzige ist.

Halbschmarotzer oder Hemiparasiten dagegen haben Chlorophyll und betreiben Photosynthese. Sie saugen anderen Pflanzen das Wasser mit den mineralischen Nährstoffen ab, nutzen also deren Wurzelsystem aus. Sie sind meist nicht so wirtsspezifisch wie Vollschmarotzer. Viele von ihnen werden heute aufgrund molekulargenetischer Untersuchungen in die Familie der Sommerwurzgewächse (Orobanchaceae) gestellt.

Ein gefürchteter Halbschmarotzer dieser Familie, der sich auf Weiden stark ausdehnen und viele Weidepflanzen schwächen und töten kann, ist der Behaarte Klappertopf (*Rhinanthus alectorolophus*), neben anderen Arten der Gattung. Es sind einjährige Pflanzen. Ein Geobotanik-Kollege, der mich im Kanton Glarus auf einer Alp besuchte, fand dort auf einer Weide den seltenen und regional sehr eingeschränkten Bergamasker Klappertopf (*Rhinanthus antiquus*).

Auf lichtem mediterranem Grünland findet man aus derselben Familie die ebenfalls halbschmarotzerisch lebende, aber nicht so großflächig vorkommende Bunte Bellardie (*Bellardia trixago*).

Zur Familie der Sandelholzgewächse (Santalaceae) gehören das Alpen-Leinblatt (*Thesium alpinum*) und das Pyrenäen-Leinblatt (*Thesium pyrenaicum*), mehrjährige Halbschmarotzer, die dank ihren kleinen Blüten eher unscheinbar sind und die keine bedrohlichen Bestände bilden. Beide Arten fand ich bei der Bestandsaufnahme auf der Schwyzer Alp.

Farne

Verschiedene Farne kommen auf Grünland vor. So findet man mit etwas Suchen auf Borstgrasrasen, etwa im Schwarzwald oder in den Alpen, die Mondraute (*Botrychium lunaria*), die wegen ihrer geringen Größe nicht gleich ins Auge springt. Einen ähnlichen Wuchs, aber eine andere Blattform hat die Lusitanische Natternzunge (*Ophioglossum lusitanicum*), die man auf kargem Grünland des Mittelmeergebietes finden kann.

Auf der Weide kann der Adlerfarn (*Pteridium aquilinum*) Reinbestände bilden, ebenso der Gebirgs-Frauenfarn (*Athyrium distentifolium*). Da diese von den Weidetieren nicht gefressen werden, können sie sich ausbreiten und den Weidewert mindern, sofern sie nicht gemäht werden.

Gehölze auf der Weide

Wohl oder übel kommen auf den allermeisten Weiden Gehölze, also Sträucher und Bäume, auf. Man kann sie nicht beliebig wachsen lassen, weil sonst die Weide verwaldet. Dann verliert sie sowohl landwirtschaftlich als auch ökologisch an Wert. Auf Mähwiesen können sich Gehölze nicht durchsetzen, da sie die Mahd nicht vertragen.

Also muss man auf der Weide die aufkommenden Gehölze entfernen. Ziegen können sie eindämmen, da sie im Gegensatz etwa zu Schafen auch Gehölze gerne fressen. Aus diesem Grund wandern in vielen Schafherden ein paar Ziegen mit.

Ansonsten werden Gehölze im jungen Zustand auch durch Ausreißen oder Abschneiden oder mit der Motorsäge entfernt.

Nun müssen aber nicht sämtliche Gehölze von den Weiden verschwinden. Ein paar Bäume spenden den Weidetieren Schatten. Eine Weide ohne Schatten kann tagsüber für die Weidetiere zur Qual werden.

Ein Mosaik aus Weideland und Gehölzen hat besonderen ökologischen Wert. Zum Beispiel in der Lüneburger Heide weisen Schafweiden viel Wacholder (*Juniperus communis*) auf. Berberitzen (*Berberis vulgaris*) sind gebietsweise häufig auf der Weide. Oft sind auch Schlehen (*Prunus spinosa*) auf Weiden oder an deren Rand zu finden. Dieses Mosaik ist besonders wertvoll. Denn Büsche wie Schlehen bieten vielen Tieren Unterschlupf, die dann auch auf der Weide nach Nahrung suchen können. Manche Schmetterlinge leben als Raupen an Schlehen oder anderen Gehölzen und finden als Falter auf der Weide Nektarquellen. Dass ein Landschaftsmosaik aus Wäldern und Grünland besonderen ökologischen Wert hat, bedarf wohl kaum der Erwähnung.

Gehölze können auch Nahrung für die Weidetiere liefern. Schafe, Ziegen und Schweine fressen Eicheln.[61] In Spanien ist die Eichelmast von Schweinen bekannt, insbesondere in Extremadura.

Tiere der Weideökosysteme

Hier kommt ein Überblick über einige Tiere der Weidebiozönosen. Dass die Fauna hier weniger ausgiebig abgehandelt wird als die Flora, heißt nicht, dass sie weniger wichtig wäre. Sie fällt weniger in meinen Kompetenzbereich als Geobotaniker. Daher kann ich weniger dazu sagen.

Bienen

Wer bestäubt nun die verschiedenen Pflanzen des Grünlandes? Die Gräser werden vom Wind bestäubt. Aber viele Pflanzen werden von Tieren bestäubt. In Mitteleuropa sind das fast ausschließlich Insekten.

Solitär lebende Bienen – die meisten Wildbienen – sind in der Regel sehr spezifisch, was die Pflanzenarten angeht, deren Nektar und/oder Pollen sie sammeln. Damit kommen sie eher in kleineren Beständen vor und sind auf die entsprechenden Pflanzen und ihre Blüten angewiesen. Ein Beispiel: Die Spitzzähnige Zottelbiene (*Panurgus dentipes*) bestäubt Wegwarte (*Cichorium intybus*), Herbst-Löwenzahn (*Leontodon autumnalis*) und Ferkelkraut (*Hypochoeris radicata*).

Sozial lebende Bienen sind weniger spezifisch und haben ein breites Spektrum an Nektar- und Pollenquellen. Dadurch kann man sie in sehr verschiedenen Ökosystemen und längere Zeit im Jahr antreffen. Hierzu gehören außer der Honigbiene (*Apis mellifera*) die Hummeln wie Erdhummel (*Bombus terrestris*), Steinhummel (*Bombus lapidarius*) und Alpenhummel (*Bombus alpinus*).

Hummeln fliegen auch bei niedrigeren Temperaturen als Honigbienen. Sie bestäuben auch Klee, der von Honigbienen nicht angeflogen wird. Auch die Große Braunelle (*Prunella grandiflora*) und das Gefleckte Knabenkraut (*Dactylorhiza maculata*) sind Hummelblumen.

Schmetterlinge

Schmetterlinge (Lepidoptera) können mit ihren langen Rüsseln auch Pflanzen mit langröhrigen Blüten bestäuben, an deren Nektar Bienen nicht gelangen können.

Manche Orchideen wie die Weiße und Berg-Waldhyazinthe (*Platanthera bifolia* und *Platanthera chlorantha*), die Mücken-Händelwurz (*Gymnadenia conopsea*), das Schwarze Kohlröschen (*Nigritella nigra*, in der Schweiz: Männertreu), das Brand-Knabenkraut (*Orchis ustulata*) und die Hundswurz (*Anacamptis pyramidalis*) werden von Schmetterlingen bestäubt.

Insekten-Eldorado Ackerkratzdistel auf einer Weide: Schachbrett und Admiral

Die Raupen der Schmetterlinge sind auf eine oder wenige Futterpflanzen spezialisiert. Eine wichtige Raupenfutterpflanze ist die Große Brennnessel (*Urtica dioica*). Die Raupen des Admirals (*Vanessa atalanta*) und des Distelfalters (*Cynthia cardui*) fressen an Brennnesseln, diejenigen des Tagpfauenauges (*Inachis io*) nur an der Großen Brennnessel. Sehr häufig findet man an der Großen Brennnessel, auch auf der Alp, die ausschließlich an dieser Art fressenden Raupen des Kleinen Fuchses (*Aglais urticae*), der deshalb auch Nesselfalter heißt.

Nicht selten ist auf Weiden das Schachbrett (*Melanargia galathea*) anzutreffen, dessen Raupen an verschiedenen Gräsern fressen.

Die farbenprächtige Raupe des Wolfsmilchschwärmers (*Hyles euphorbiae*) findet man recht häufig an der Zypressen-Wolfsmilch (*Euphorbia cyparissias*), die als Giftpflanze von den Weidetieren im Allgemeinen verschmäht wird und deshalb auf manchen Weiden häufig ist.

Die Raupen des Dukatenfalters (*Lycaena virgaureae*) und des Kleinen Feuerfalters (*Lycaena phlaeas*) ernähren sich vom Sauerampfer (*Rumex acetosella* und *Rumex acetosa*), der oft auf Weiden wächst.

Viele Bläulinge (Lycaenidae) haben als Raupenfutterpflanzen Schmetterlingsblütler. So leben die Raupen des Hauhechel-Bläulings (*Polyommatus icarus*) nicht nur auf der Dornigen und der Kriechenden Hauhechel (*Ononis spinosa* und *Ononis repens*), sondern auch auf anderen Grünlandpflanzen wie dem Weißklee (*Trifolium repens*) und dem Hornklee (*Lotus corniculatus*).

An Gehölzen aus der Familie der Rosengewächse (Rosaceae) wie Schlehe (*Prunus spinosa*) und Weißdorn (*Crataegus*) leben die Raupen von Segelfalter (*Iphiclides podalirius*) und Baumweißling (*Aporia crataegi*). Sie profitieren von einem Mosaik aus Grünland und Gehölzen.

Sonstige Insekten

Weitere Insekten des Weidelandes werden hier im Schnelldurchlauf genannt. Es sei noch erwähnt, dass Kreiselmähwerke viele Insekten töten. Daher sind Insekten auf Weiden und den wenigen noch mit Sense gemähten Wiesen besser aufgehoben.

Auf Weideland gibt es meist massenweise Heuschrecken (Orthoptera). Die Spezialisierung von Heuschrecken auf bestimmte Futterpflanzen ist nicht annähernd so gut erforscht wie diejenige der Schmetterlingsraupen. Sie ist aufgrund der größeren Beweglichkeit der Heuschrecken auch nicht auf den ersten Blick feststellbar.

Schwebfliegen (Syrphidae) sind für manche Blütenpflanzen wichtige Bestäuber, da sie sich von Nektar und Pollen ernähren. Schwebfliegen sind nicht so empfindlich gegenüber Umweltveränderungen wie Wildbienen. Daher sind sie in manchen Ökosystemen wichtigere Bestäuber als diese.

Manche Fliegen finden in Kuhfladen Brutstätten für ihre Larven. Sie tragen zum biologischen Abbau des Kotes bei, sodass die in diesem enthaltenen Nährstoffe schneller wieder pflanzenverfügbar werden.

Verschiedene Käfer (Coleoptera) finden sich auf Weideland. Manche spielen eine Rolle bei der Bestäubung von Doldengewächsen.

Verschiedene Ameisen (Formicidae) sind auf Grünland zu finden. Sie sind wichtig für die Ausbreitung mancher Pflanzen, da sie deren Samen (genauer: Diasporen) verschleppen.

Springschwänze

Im Boden von Grünland ist der Reichtum an Springschwänzen (Collembola) besonders hoch, sowohl in Bezug auf die Artenzahl als auch in Bezug auf die Individuendichte. Sie sind wichtig für die Abbauprozesse von Pflanzenmaterial und für die Bildung der Bodenstruktur.

Früher wurden sie zu den Insekten gestellt. Heute sieht man die Insekten und die Springschwänze als zwei separate Gruppen der Sechsfüßer (Hexapoda) an.

Spinnentiere

Zu den Spinnen, die auf Grünland zu finden sind, gehören verschiedene Arten der Krabbenspinnen (Thomisidae). Sie sitzen in Blüten, wo sie sich farblich anpassen, und warten auf Insekten, die Nektar oder Pollen sammeln wollen, überfallen sie und fressen sie. Eine im Mittelmeergebiet eher häufige, in Mitteleuropa seltenere Art ist *Thomisus onustus*.

Unter den Wolfsspinnen (Lycosidae), die ihrer Beute laufend nachstellen, gibt es Arten, die sich auf Grasland spezialisiert haben.

Außer den Spinnen gehören zu den Spinnentieren auch die Milben (Acari). Auch von diesen findet man einige auf Grünlandpflanzen. Etliche Arten leben im Boden. Zu den Milben gehören auch die Zecken (Ixodidae), die außer im Wald auch im Grünland auf ihre Beute lauern.

Wiederkäuer

Da die Wiederkäuer (Ruminantia) eine Koevolution mit den Gräsern durchgemacht haben, haben sie eine enge Beziehung zum Grünland.

Die auf Weideland wichtigen Wiederkäuer sind in erster Linie die domestizierten Nutztiere, die in anderen Kapiteln näher beschrieben sind. Sie müssen teilweise die ausgerotteten Großsäuger ersetzen.

Wilde Wiederkäuer (in der Waidmannssprache zum Schalenwild gerechnet) kommen aus dem Wald aufs Grünland zum Äsen und nutzen so die Kulturlandschaft. Das Reh (*Capreolus capreolus*), das im Gegensatz zum Rothirsch (*Cervus elaphus*) keine Bäume schält, ist mehr auf Grünland angewiesen. Dennoch findet man auch Rothirsche auf Weiden. Rehkitze werden von den Ricken oft auf Wiesen gesetzt, was den Landwirten beim Mähen besondere Vorsicht abverlangt. Fachpersonal muss die Kitze von Weiden entfernen. Wenn »Tierschützer« sie aus den Transportbehältern »befreien«, kann das dazu führen, dass sie auf die Wiesen zurückkehren und von den Mähgeräten getötet werden.

Im Gebirge ziehen auch Gämsen (*Rupicapra rupicapra*) über Weiden und tun sich an den Gräsern gütlich. Steinböcke (Steinwild, *Capra ibex*) kann man mal auf Weiden sehen, öfter aber in felsigem Gelände.

Andere Säugetiere

Häufig sind auf Grünland verschiedene Mäuse wie die Feldmaus (*Microtus arvalis*), die unter dem Gras in Gängen lebt und unter anderem Gras frisst. Auch der Maulwurf (*Talpa europaea*) mag Grünland.

Fleischfresser, die Mäuse und andere Kleinsäuger fressen, gehen auf Grünland. Der Rotfuchs (*Vulpes vulpes*) verlässt zum Mäusefang den Wald. Auch das Hermelin (*Mustela erminea*) trifft man auf Grünland.

In den Alpen ist das Alpenmurmeltier (*Marmota marmota*) auf manchen Weiden reichlich vertreten. Es lebt in größeren Sozialverbänden in einem unterirdischen Gangsystem. Diese Art ist ein großer Nutznießer der Weidewirtschaft. Wühler wie das Murmeltier sorgen für eine Bodenbearbeitung, die Humus in tiefere Schichten bringt.

Vögel

Auf Weiden finden manche Bodenbrüter unter den Vögeln Nistplätze, insbesondere außerhalb der Beweidungszeit. Hierzu gehören die verschiedenen Lerchen und das Braunkehlchen (*Saxicola rubetra*).

Unter den Greifvögeln kreisen Weihen (*Circus*) besonders über Grünland, wo sie Kleinsäuger und Vögel erbeuten. Aber auch andere, darunter der Mäusebussard (*Buteo buteo*) und der Turmfalke (*Tinnunculus tinnunculus*) erbeuten Mäuse und andere Kleintiere auf Grünland. Im Hochgebirge jagt der Steinadler (*Aquila chrysaëtos*) Murmeltiere.

Mit den Insekten kommen auch insektenfressende Vögel. Die Bachstelze (*Motacilla alba*) und die Schafstelze (*Motacilla flava*) fühlen sich im Grünland wohl, insbesondere in der Nähe von Weidetieren. Im Winter sucht die Bachstelze auch mal in Viehställen nach Insekten.

Auch die Graugans (*Anser anser*) und die Aaskrähe (*Corvus corone*) suchen gerne auf Weiden nach Insekten. Letztere kann man auch mal auf Schafen sitzen sehen, wo sie Insekten aus der Wolle herauspickt.

Pilze einschließlich Flechten

Manche Pilze gedeihen auf Weideland. Beispiele sind der Parasolpilz (*Macrolepiota procera*) und verschiedene Champignons (*Agaricus*). Einige Pflanzen, so die Orchideen und die auf der Weide auftretenden Gehölze, haben eine Mykorrhiza, also symbiotische Pilze.

Gelegentlich gibt es Pilze, die auf Pflanzen parasitieren wie den Erbsengitterrost (*Uromyces pisi*), der die Zypressen-Wolfsmilch (*Euphorbia cyparissias*) befällt und ein anomales Wachstum bewirkt: mit mehr Längenwachstum, mit kürzeren Blättern und ohne Blüten.[62]

Zu den Pilzen gehören auch die Flechten: Pilze mit symbiotischen Grünalgen oder Cyanobakterien. An Stellen, wo die karge Vegetation es zulässt, gedeiht auf Hochgebirgsweiden zum Beispiel die Islandflechte (*Cetraria islandica*). Andere Flechten wachsen an Sonderstandorten, etwa auf Felsen. Deren Artbestimmung ist nicht leicht und meist eine Sache von Experten, bisweilen sind dazu chemische Reagenzien nötig.[63]

Islandflechte auf einer Alpweide

Faktoren, die die Weidewirtschaft bedrohen

»Während die Bedrohung von Röhrichten und Mooren, von Halbtrockenrasen und Heiden unübersehbar ist, verläuft der Schwund so mancher bewirtschafteter Grünlandgesellschaften eher schleichend.«

Otti Wilmanns[64]

Rücksichtslose Wanderer

Immer wieder gibt es Wanderer oder Spaziergänger, die über Weiden gehen, ohne Rücksicht auf die Tiere zu nehmen. Manche erschrecken die Tiere absichtlich, was im Gebirge im schlimmsten Fall zum Absturz mehrerer Tiere führen kann. Aber auch aus Unbedarftheit, aus Naivität gibt es öfters Probleme zwischen Spaziergängern oder Wanderern und Weidetieren. Manche rücksichtslosen Spaziergänger sehen nicht ein, dass sie in der Nähe einer Schafherde oder auf einer Alpweide ihre Hunde anleinen müssen.

Gelegentlich passiert es auf einer Alpweide, dass Spaziergänger, die sich nicht zu benehmen wissen, von einer Kuh verletzt oder gar getötet werden. In Österreich gab es einen Fall, wo ein Kuhhalter nach so einem tödlichen Unfall zu fast einer halben Million Schadensersatz verdonnert wurde. Das bedeutete für ihn den wirtschaftlichen Ruin.

Bei solchen Risiken verlieren viele Tierhalter verständlicherweise die Lust, ihre Tiere überhaupt noch auf die Alp zu lassen, zumal landwirtschaftliche Tätigkeit nicht zu den bestbezahlten gehört. Solche skandalösen Urteile tragen dazu bei, dass die Weidehaltung mehr und mehr zurückgeht.

Können die Menschen nicht mal Respekt zeigen, wenn sie über Weiden gehen? Die Weiden sind Privatgelände, da hat man genauso respektvoll zu sein, als würde man durch einen fremden Garten oder durch eine fremde Fabrik spazieren. Man hat sich zu informieren, wie man sich gegenüber den Kühen verhält, statt einfach mit dem Anspruch zu kommen: »Hier komme ich, und die ganze Welt gehört mir.« Wer artenreiche Kulturlandschaften genießen will, darf nicht deren Pflege durch Rücksichtslosigkeit beeinträchtigen.

Wer über eine Mutterkuhweide geht, darf sich nicht unbedarft den Kälbern nähern. Die Kühe als Mütter haben einen Beschützerinstinkt. Man hat zu respektieren, dass diese Tiere keine Streicheltiere sind. Wer diesen Respekt nicht kennt, hat auf einer Weide gar nichts zu suchen.

Wertschätzung ökologisch wertvoller Tätigkeiten wie der Weidehaltung sieht anders aus. Hier könnte die Rechtsprechung eher die Spaziergänger zur Rechenschaft ziehen, weil sie sich auf den Weiden nicht der Würde des Ortes entsprechend verhalten. Eine Alpweide ist nun mal kein Streichelzoo, sondern ein Ort, an dem Nutztiere leben und fleißige Menschen wirtschaften, um uns mit erstklassigen Nahrungsmitteln zu versorgen und zugleich wertvolle Ökosysteme zu schaffen.

Wachstumsideologie und unbewusste Ernährung

In unserer Konsumgesellschaft ist die Ideologie des »Immer größer, immer schneller, immer höher« fest verankert. Das Wirtschaftssystem beruht auf einem immerwährenden Wachstum. Dass unbegrenztes Wachstum in einem begrenzten System wie der Erde auf die Dauer nicht möglich ist, vergessen viele Leute, weil sie einfachste systemtheoretische Zusammenhänge nicht verstehen. In der Ökologie weiß man, dass exponentielles Wachstum etwa bis zur Hälfte der Tragfähigkeit möglich ist. Danach flacht die Wachstumskurve ab. Man nennt diese gesamte Wachstumskurve ein logistisches Wachstum.

Auch von der Landwirtschaft fordert das Wirtschaftssystem, entweder zu wachsen oder zu weichen. Die Landwirtschaft insgesamt kann wegen begrenzter Fläche nicht beliebig wachsen. Sie kann intensiviert werden. Einzelne Betriebe können auf Kosten anderer wachsen. So gibt es immer weniger Betriebe, und diese sind immer größer. In der Schweiz ist das noch nicht in demselben Maße der Fall wie in der EU.

Damit die extensive Weidewirtschaft weiterhin existiert, muss man sie durch den Kauf ihrer Produkte unterstützen. Selbstverständlich können im Einzelfall auch Herden von Spendengeldern finanziert werden, ohne dass man die Tiere nutzt. Aber dies ist kaum in großem Stile machbar. Umweltbewusste Menschen essen meist wenig Fleisch und wählen dieses verantwortlich aus.

Wer die Produkte nicht kauft und dennoch die Schönheit der betreffenden Ökosysteme genießen will, sollte sich bewusst machen, dass das eine recht egoistische Einstellung ist. Und dabei spielt es gar keine Rolle, ob jemand Weideprodukte zugunsten billigerer Produkte aus Intensivhaltung meidet oder ob jemand Weideprodukte aufgrund einer hippen Ernährungslehre meidet. Die verbreitete naive Vorstellung, ein Verzicht auf Fleisch böte ein Gegengewicht zu fragwürdigen Tierhaltungsbedingungen ist Teil des Problems, nicht der Lösung.

Billiges Essen fordert Intensivierung

Viele Kunden wollen einfach nur billig essen, da sie den Wert des Essens nicht zu schätzen wissen. So sind heimische Weideprodukte vielen Konsumenten zu teuer. Dadurch stehen Landwirte immer mehr unter Existenzdruck und müssen zum Überleben ihren Tierbestand ausweiten. Eine umweltverträgliche Weidenutzung wird dadurch erschwert.

In der globalisierten Welt mit billigen Transporten bekommt man recht kostengünstig Rindfleisch aus Argentinien und Lammfleisch aus Neuseeland. Auch das ist oft Weidefleisch. Der ökologische Wert ist aber nicht mit dem der europäischen Wanderschafhaltung vergleichbar.

Auch die mitteleuropäische Intensivhaltung – am extremsten bei Hühnern und Schweinen – bietet Billigkonkurrenz für Weideprodukte. Wer die Weidewirtschaft schwächt, fördert sie. Wer keine Weideprodukte kauft, darf sich also nicht über »Massentierhaltung« beschweren.

Ein Problem der Intensivierung ist die übertriebene Zufütterung von Kraftfutter zwecks höherer Erträge. Das kann durch Existenzdruck wirtschaftlich nötig sein, ist aber nicht sehr tiergerecht und je nach Produktionsbedingungen auch nicht sehr umweltfreundlich. Auch der Einsatz von Mist und Jauche ist auf Kleinbetrieben meist umweltfreundlicher.

Snobistische Ernährungslehren

> »Die Zahl derer, die sich ihr eigenes Unglück nach bestem Wissen und Gewissen selbst zurechtzimmern, mag verhältnismäßig groß scheinen. Unendlich größer aber ist die Zahl derer, die auch auf diesem Gebiet auf Rat und Hilfe angewiesen sind.«
>
> Paul Watzlawik[65]

Ende des letzten Jahrtausends hörte ich bei einer gemeinsamen Veranstaltung von BUND und NABU einen Vortrag über den ökologischen Wert der Wanderschäferei. Der Referent erzählte, wie er die Menschen auffordert, Lammfleisch aus Wanderschafhaltung zu kaufen, und dass ihm manchmal Leute erwidern: »Wir verstehen das, aber wir essen kein Fleisch.« Wenn man schon versteht, welchen Wert der Kauf des Lammfleischs hat, muss man dann unbedingt sein vegetarisches Ego höher bewerten? Wenn jemand kein Lammfleisch mag, ist das etwas anderes. Und dass viele Menschen mangels Interesses an der Natur den Wert der Wanderschafhaltung nicht kennen und daher irrtümlich glauben, radikaler Vegetarismus sei sinnvoll, ist nun mal so.[66]

Noch 1980 waren Vegetarier in Europa eine Ausnahmeerscheinung. Seit den 1990er Jahren ist es schick geworden, sich einer Ernährungslehre anzuschließen und seinen Wohlstand zur Schau zu tragen, indem man betont, man esse *dies* nicht, man esse *jenes* nicht. In Zeiten der Knappheit isst man, was man hat, und kann nicht so wählerisch sein wie verwöhnte Wohlstandsbürger.

Eine ökologische und soziale Verantwortung weicht da dem Bedürfnis, mit einer extravaganten Ernährung Aufmerksamkeit zu erregen. In der Wohlstandsgesellschaft ist Dankbarkeit gegenüber den Nahrungsproduzenten weitgehend in Vergessenheit geraten, da ja im Supermarkt alles im Überfluss zu bekommen ist. Diverse Ernährungslehren buhlen um Anhänger. Makrobiotik, Vegetarismus, Paläoernährung, Rohkosternährung, Trennkost, Säure-Basen-Ausgleich (wo aus Trotz gegen die Naturwissenschaften die Zitrone als »basisch« definiert wird), sie alle haben nur die Konsumseite im Auge und blenden aus, dass die Nahrung irgendwo herkommen muss, außer in den seltenen Fällen, wo die Leute selber Nahrung erzeugen. Sie sind heute meist Lifestyle-Attribute.

Die gesundheitlichen Aspekte der verschiedenen Ernährungen können hier nicht erörtert werden, zumal die Bedürfnisse individuell sind und die Menschheit sich an sehr unterschiedliche Lebensräume und Nahrungsangebote angepasst hat.

Die Kritik an der Sache sollte bitte nicht als Herabwürdigung der Menschen verstanden werden. Die Mitglieder jeder Ernährungslehre können nette Menschen sein, sofern sie kein Anspruchsdenken haben, dass man sich auf ihre speziellen Bedürfnisse einlässt. Manchmal muss man unterschiedliche Sichtweisen einfach stehen lassen.

Heutzutage ist als extremster Ausdruck der anspruchsvollen Konsumgesellschaft die Glaubensrichtung des Veganismus zu nennen, die mittlerweile voll im unkritischen Mainstream angekommen ist. Ernst nehmen sollte man diejenigen Veganer, die aus ihrer Lehre praktische Konsequenzen ziehen: die aufs Land ziehen und mit ihrer eigenen Hände Arbeit ihr Essen erzeugen, unabhängig von Nutztieren. Die meisten Veganer aber konsumieren nur in ihrer Komfortzone den Wohlstand, den andere im Schweiße ihres Angesichts geschaffen haben. Essen mit Aufdruck »vegan« gibt es schließlich im Supermarkt. Und bunte Blumenwiesen hält man für naturgegeben.

Influencer bewerben den Veganismus und preisen jede Menge industrielle Vitaminpräparate an, womit sie implizit die defizitäre Natur ihrer Ernährung anerkennen. Ich beobachte den Veganismus seit den 1980er Jahren, anfangs mit viel Wohlwollen. Zunächst existierte er als individuelle Erscheinung und als Rebellenbewegung. Er hatte noch keinen Ingroup-Charakter und hatte noch keine Industrie mit gigantischem Marketingbudget hinter sich. Heute beschallen uns gewisse Medien beständig mit Propaganda, die die vegane Ernährung mit Ethik und gar mit Umwelt- und Klimaschutz in Verbindung bringt. Oft wird jede Nutztierhaltung als unethisch und klimaschädlich dargestellt. Dann sollen diese Leute doch bitte ihr ganzes Essen selber ohne tierische Dünger produzieren. Und an Blumenwiesen mit Schmetterlingen sollten sie sich nicht erfreuen.

Was den Veganismus so bedrohlich macht, sind nicht die einzelnen Veganer. Bedrohlich ist das Phänomen der (v. a. im Internet zu beobachtenden) Massenhysterie, die viele Menschen mitreißt und für einfache Feindbilder empfänglich macht.

Das vegane Argumentationsmuster spricht mehrere real existente Probleme an wie den Klimawandel, den Flächenverbrauch, grausame Tierhaltungsbedingungen und ernährungsbedingte Krankheiten. Deshalb haben heute die Umweltschutzgruppen meist nicht mehr den Mut, sich von dessen Glaubenssätzen und der hinter ihnen steckenden Industrie zu distanzieren, und lassen sich von dieser Bewegung unterwandern. Der Veganismus reduziert aber die Komplexität der Probleme auf ein sehr einfaches, unwissenschaftliches Gut-und-böse-Schema und setzt auf eine entsprechend einfache und naive Lösung. So etwas ist Populismus, der vielleicht mal dazu dienen kann, festgefahrene Strukturen aufzurütteln, der aber keine Lösungen bietet, diesen eher im Wege steht.

Jedes Argument zugunsten des Veganismus funktioniert exakt nach demselben Muster: Man nehme Kritik, die eine gewisse Berechtigung hat, und verfremde sie manipulativ so, als wäre das Problem mit einem Verzicht auf Tierprodukte zu lösen, obwohl es bei ehrlichem Hinsehen gar nichts mit dem Dualismus »tierisch« – »nicht tierisch« zu tun hat.

Man darf den Veganismus nicht an den gewalttätigen Extremfällen messen, an Leuten, die Hochsitze ansägen, damit Jäger in den Tod stürzen, an Leuten, die Steine in Schaufenster von Metzgereien werfen, an Leuten, die Pelztiere aus Pelzfarmen befreien[67] und so die lokalen Ökosysteme aus dem Gleichgewicht bringen, an Leuten, die Nutztiere aus der Weide lassen, sodass sie vors nächste Auto laufen. Solche Verbrecher existieren und sind für die Betroffenen ganz schlimm. Sie sind aber glücklicherweise bisher nicht repräsentativ für diese Gemeinschaft.

Auch abseits dieser Extremfälle gibt es Veganer, die Nahrungsproduzenten mit boshaften Beschimpfungen belegen, insbesondere in der Anonymität des Internets. Sie gefallen sich in der Rolle der Bessermenschen, heischen überall Anerkennung und Bewunderung. Etliche tolerieren keine Gegenmeinung. Manche Veganer träumen gar davon, dass der Konsum von Tierprodukten verboten wird.

Da die einschlägige Konsumwerbung dem Veganismus häufig eine Rolle für den Klimaschutz zuspricht und diese Ernährung grün wäscht und folglich Mainstream-Veganer für sich in Anspruch nehmen, besonders umwelt- und klimafreundlich zu sein, muss dieses Greenwashing eines verschwenderischen Lifestyles hier mit aller Deutlichkeit hinterfragt werden. Hier fehlt weitgehend eine offene Auseinandersetzung. Man erzählt sich gerne Witze über Veganer,[68] und viele Menschen fühlen sich – besonders im Internet – von missionarisch tätigen Veganern belästigt. Aber sachliche Kritik am Veganismus und an seinem Anspruch, die Welt zu verbessern, ist selten. Immerhin kommen vonseiten der Landwirtschaft bisweilen wertvolle Analysen.[69] Dort bekommt man schließlich am meisten die schädlichen Seiten des Veganismus zu spüren. Naturschützer dagegen haben heute meist Hemmungen, sich mit dieser lautstarken Minderheit anzulegen. Mit ihrem mangelnden Mut, diese konsumistische Gruppierung zu hinterfragen, tragen sie zu deren Verklärung und letztlich zur Verklärung des Konsumismus bei.

Die Tatsache, dass viele Veganer nicht bereit sind, von Fachleuten über ökologische Zusammenhänge zu lernen, sondern sich gegenüber Ökologen als Besserwisser aufspielen, beweist, dass diese Leute geradezu panische Angst davor haben, sich mit den ökologischen Auswirkungen ihres Lifestyles auseinanderzusetzen.[70] Sie wollen ihren Ernährungsstil grün waschen, und da stören Fachleute. Es gibt aber auch Veganer, die ehrlich eingestehen, dass sich ihre Ernährung nicht mit Umwelt- und Klimaargumenten rechtfertigen lässt.

Manche Veganer weisen darauf hin, dass man auch innerhalb des Veganismus umweltfreundlich leben kann. Natürlich gibt es innerhalb jeder Ernährungslehre Wahlmöglichkeiten, sich mehr oder weniger umweltfreundlich zu ernähren. Wer aus persönlichen Gründen vegan lebt, kann sich innerhalb dieser Dogmatik für eine relativ umweltfreundliche Lebensform entscheiden. Aber das macht den Veganismus als solchen nicht umweltfreundlicher als andere Ernährungsformen. Niemand, absolut niemand lehnt aus Umweltgründen lokale Weideprodukte ab.

Wenn man keine Kontrolle über die Produktionsbedingungen hat, lässt sich ein Verzicht auf Tierprodukte ethisch und ökologisch rechtfertigen. Aber wer zum Beispiel Lammfleisch aus Wanderschafhaltung verschmäht, hat andere Motive. Wer das Lammfleisch nicht ehrt, ist die Blumen nicht wert.

Es kann hier nicht darum gehen, den Veganismus alleine an den Pranger zu stellen. Er dient hier als Extrembeispiel eines konsumorientierten Lifestyles, der nicht über den Tellerrand blickt. Es gibt auch viele andere, auch ohne ideologische Verbrämung, die beim Konsum nicht an den Hintergründen und ökologischen Auswirkungen interessiert sind. Die

Lebensmittelindustrie hat Interesse daran, Konsumkritik zu kanalisieren, um echte Kritik an der Konsumgesellschaft zu verhindern. Dazu dient heute der Veganismus. Dieselben Industrieunternehmen, die Milch und Fleisch aus grausamen Haltungsbedingungen verarbeiten, erzeugen auch vegane Ersatzprodukte. Als willkommenes Angebot an alle, die sich den Anschein der Konsumkritik geben wollen, aber nicht den Mut haben, die Komfortzone der Konsumgesellschaft als solcher zu verlassen. Die verklärende Darstellung des Veganismus in vielen Medien macht ihn für Personen attraktiv, die sich als etwas Besseres fühlen wollen, ohne dafür etwas zu leisten.

Ich werde im Folgenden zeigen, dass die Verweigerung von Weideprodukten nicht geeignet ist, Probleme zu lösen, sondern bestehende Probleme zementiert und zusätzliche Probleme schafft. Zu Zeiten voller Supermärkte steht es selbstverständlich jedem Menschen frei, sich aus persönlichen Gründen vegan oder makrobiotisch zu ernähren. Für junge Menschen auf der Suche, die ihre Möglichkeiten austesten wollen, kann so etwas eine bereichernde Erfahrung sein, die vielleicht sogar Wegbereiter für ein späteres kritisches Konsumverhalten ist.

Viele Veganer beurteilen alle wissenschaftlichen Erkenntnisse a priori danach, ob sie mit ihrem Lifestyle kompatibel sind. Es gibt zweckgeleitete Versuche, dem Veganismus eine wissenschaftliche Basis zu geben. Alle funktionieren nur bei stark vereinfachten Weltmodellen. Nach meiner Erfahrung geht es den missionarischen Veganern immer nur ums Rechthaben, nie um ein Lernen über die Realität. Ihr veganes Ego ist ihnen viel wichtiger als alles andere. Die komplexen Zusammenhänge der Ökologie sind Personen, die alles auf den Dualismus »tierisch« versus »nicht tierisch« reduzieren,[71] ohnehin nicht vermittelbar. So ein unbewusster dogmatischer Lifestyle fordert mehr Nahrungsmitteltransporte als eine bewusste Anpassung der Ernährung an lokale und saisonale Gegebenheiten.

Aus Umweltschutzsicht sind die Fragen, ob etwas lokal und saisonal ist und wie etwas produziert worden ist, viel wichtiger als die sinnlose Frage, ob etwas tierisch oder nicht tierisch ist. Diese Leute lenken also von den relevanten Fragen ab, während manche von ihnen als wohldressierte Konsumbürger guten Gewissens viel mit dem Flugzeug oder dem Kreuzfahrtschiff unterwegs sind,[72] Palmölprodukte konsumieren und Attila Hildmann mit seinem Porsche bewundern. Obgleich die Natur-

und Umweltschutzgruppen traditionell die extensive Weidewirtschaft schätzen, betreiben sie heute eine Appeasementpolitik gegenüber dem Veganismus, um keine Mitglieder zu verlieren.

Auch bei Seife und anderen Hygieneartikeln ist aus Natur- und Umweltgründen die Frage, ob »vegan« auf der Packung gedruckt ist, nur unter Lifestyle-Aspekten relevant. In erster Linie sollte man schauen, ob Palmöl darin ist. Eine Entscheidung gegen Palmöl ist in jeder Hinsicht wichtiger als eine Entscheidung gegen Ziegen- oder Eselsmilch.

Bei oberflächlicher Betrachtung könnte man denken, der Veganismus böte ein Gegengewicht zum Billigfleischkonsum. Nein, so dualistisch ist die Welt nicht. Beide Lebensstile sind nah verwandte Erscheinungen der Wohlstandsgesellschaft, die den Wert der Nahrungsressourcen nicht mehr schätzt. Beide stehen einer Anpassung an lokale und saisonale Gegebenheiten entgegen. Wenn Billigfleischkonsum und Veganismus die Welt unter sich aufteilen würden, wären keine Kunden mehr für lokale Weideprodukte da. Aus Sicht der Weidewirtschaft bieten Intensivhaltung in engen Ställen und Veganismus ähnliche Probleme: Gemeinsam bedrohen sie die Weidewirtschaft, gemeinsam nehmen sie den Extensivrassen der Nutztiere ihre Existenzberechtigung und fördern ihr Aussterben. In dieser Hinsicht ziehen sie also am selben Strang.

Dazu passt, dass dogmatische Veganer oft Personen sind, die vor nicht allzu langer Zeit große und unkritische Fleischesser waren. Beide Ernährungsweisen sind Ausdruck ähnlicher Weltanschauungen: Man ist nicht bereit, sich an die Gegebenheiten anzupassen. Man konsumiert drauflos, ohne sich um soziale und ökologische Folgen zu kümmern. Das Prinzip der Mäßigung ist fremd, entsprechend beurteilt man auch andere meist nur schwarz-weiß und lebt in der Vorstellung, dass alle anderen auch nur entweder Veganer oder große, unkritische Fleischesser sein können.

So ist es nicht verwunderlich, dass oftmals ausgerechnet große Fleischesser Sympathien für die Veganer zeigen. Im Vergleich zu ihrer Ernährung ist der Veganismus oft tatsächlich die umwelt- und tierfreundlichere Alternative. Dass sie dann aber auch gegenüber Menschen mit verantwortungsbewusster Ernährung den Veganismus verteidigen, schießt weit übers Ziel hinaus.

Um den Öko-Anspruch ihres Lifestyles zu begründen, reden Veganer gerne von der (stereotyp genannten, nie definierten) »Massentierhaltung«. Würden sie ihren Lifestyle mit der extensiven Weidewirtschaft vergleichen, wären sie in jeder Hinsicht als die schlechtere Alternative zu erkennen. Von der Weidewirtschaft lenken Veganer gerne ab, indem sie sagen, damit könne man den Fleischbedarf der Menschheit nicht decken. Die Idee, dass die Menschen ihren Fleischkonsum auf ein umweltverträgliches Maß reduzieren können, ist im einfachen Freund-Feind-Denken vieler Veganer nicht vorgesehen. So erklärt sich, dass viele Veganer auch den mit extensiver Weidewirtschaft betrauten Hirten gerne von »Massentierhaltung« erzählen.

Auch für die biologische Landwirtschaft sind snobistische Ernährungsformen eher Widersacher. In Bioläden werden biologisch erzeugte Produkte oft durch Snobprodukte ersetzt, seien es nun Käseimitate aus Palmöl, seien es sogenannte Supernahrungsmittel[73] (neudeutsch »Superfoods«). Was haben solche Lifestyle-Produkte in Bioläden zu suchen? War es nicht ursprünglich ein Anliegen der Bioläden, die biologische Landwirtschaft zu fördern? Da der Veganismus die Bioläden bedeutend stärker unterwandert als die Supermärkte, schädigt er die biologische Landwirtschaft und die Weidewirtschaft und stärkt so indirekt die Intensivhaltung. Man kann plakativ vereinfacht sagen: Wer die Massentierhaltung schädigen will, sollte die Supermärkte vegan unterwandern. Wer aber gezielt die biologische Landwirtschaft schädigen will, sollte die Bioläden vegan unterwandern (mit dem paradoxen Kunstwort »biovegan«).

Wenn Greta Thunberg behauptet, sie tue mit ihrer veganen Ernährung etwas für den Klimaschutz, dann zeigt sie, dass sie ihr Weltbild an Stereotypen orientiert, die im Internet kursieren. Wie soll auch ein Kind aus reichem Elternhaus aus einer Millionenstadt, das sich sein Essen nie erarbeiten musste, eine Vorstellung von der Erzeugung der Nahrungsmittel und den wertvollen Grünland-Ökosystemen haben? So etwas lernt man nicht im Internet, sondern in der Natur und auf dem Acker. Wäre sie sozial kompetent, würde sie den Austausch mit Nahrungserzeugern suchen, um von deren Wissen zu profitieren. Es ist sicher nicht erklärungsbedürftig, dass eine junge, behütet aufgewachsene Person so einem Irrglauben aufsitzt. Vielleicht wird es ihr in 20 Jahren nicht mehr recht sein, von der Öffentlichkeit auf den Veganismus festgenagelt worden zu sein. Es ist indes sehr wohl erklärungsbedürftig, dass die Konsumgesellschaft diese junge Person, die nur redet und die Arbeit anderen überlässt, zum Idol hochstilisiert.[74] Man könnte sie einfach eine Pubertierende sein lassen, die noch viel lernen muss, sei es der Respekt für andere, sei es die Quellenkritik bezüglich des im Internet Gelesenen. Welche Interessen wohl hinter ihrer Idolisierung stecken?

Gerade in den nördlichen Ländern wie Schweden sind viele Flächen Ungunsträume für Ackerbau, sodass vegane Ernährung in besonderem Maße von Nahrungsmittelimporten und damit von fossilen Brennstoffen abhängt. Auch ist Thunberg in ihrer Blase natürlich nicht bewusst, dass ein Umbruch von Grünland zu Ackerland zu Humusabbau führt und damit Kohlenstoffdioxid freisetzt. Das ist allerdings kein ernsthaftes Problem, da sich die kleine vegane Minderheit in eine sinnvolles Ressourcennutzung mit Tierhaltung integrieren lässt. Das Stroh vom Getreide und die Pressrückstände vom Rübenzucker können in der Tierhaltung sinnvoll genutzt werden, und es interessiert die Tiere herzlich wenig, ob die Konsumenten von Getreide und Zucker vegan leben. Die vegane Minderheit hat keine für das Klima bedrohliche Größenordnung.

Wer bunte Blumenwiesen und Schmetterlinge sehen möchte, sollte deren Lebensräume schützen. Das tut man durch den Kauf von Produkten der Grünlandwirtschaft. Man sollte sich dann also nicht mit billigem Massenfleisch oder veganen Ersatzprodukten zufrieden geben.

Zum Schluss verdienen die Pioniere des Veganismus bis in die 1980er Jahre eine gewisse Anerkennung: Damals hatte man als Veganer den Mainstream und die mediale Landschaft gegen sich. Damals wussten leicht manipulierbare Personen noch gar nicht, was Veganismus ist, und sie verspotteten die wenigen Vegetarier. Damals stand der Veganismus nicht für unkritisches Mitläufertum, sondern für einen Dickkopf. Man konnte keine sinnfreien Sprüche aus dem Internet nachplappern, um diese Ernährung zu rechtfertigen. Man war nicht Teil einer Massenbewegung, die Marketingargumente der Industrie unkritisch übernimmt. Man hatte kein betreutes Denken mit energieintensiv erzeugten Industrieprodukten mit Packungsaufdruck »vegan«, sondern aß Obst und Gemüse.

Mittlerweile ist es an der Tagesordnung, dass Snobs, ganz besonders Veganer (manche, nicht alle!), durch Beschimpfung und Verleumdung wichtiger Berufsgruppen Hass und Unfrieden säen. So bezeichnen die Verwöhntesten unter ihnen Tierhaltung als »Ausbeutung«. Sie träumen von einer Welt ohne Nutztierhaltung. Die Frage, wie man acht Milliarden Menschen ohne Nutztierhaltung ernähren sollte, existiert in ihrer Parallelwelt nicht. Sie stellen Erwartungen an andere, tun selber meist nichts dafür, dass etwas besser wird. Nach meiner Erfahrung hat man dogmatische Veganer umso mehr gegen sich, je mehr man seine Ideale im Alltag lebt. Nutznießer ist eine Industrie, die an Milch-, Fleisch- und Käseimitaten und Nahrungsergänzungsmitteln gut verdient.[75]

Entmündigung der Landwirtschaft und Verleumdungen

Viele Leute haben leider nicht den Mut, zuzugeben, dass sie von einem Thema keine Ahnung haben, und dann ehrlich zu schweigen. Man sollte doch erwarten, dass ein Mensch, der im Leben etwas gelernt hat, auch weiß, dass es Bereiche gibt, in denen andere etwas gelernt haben und dadurch besser Bescheid wissen. So weiß ich, dass ich keine Ahnung vom Fußball habe.

Dass viele Menschen keine Ahnung von der Herkunft der Lebensmittel haben, ist ein Symptom der arbeitsteiligen Gesellschaft: Vieles bleibt jenseits des Wahrnehmungshorizonts. Das muss kein Problem sein, solange sich die Menschen der Grenzen ihrer Kompetenz bewusst sind und die Expertise anderer anerkennen. Problematisch wird es, wenn Städter überheblich über das agrarische Ressourcenmanagement urteilen, statt lernbereit den Bauern zuzuhören.

Es ist heute vor allem in den sozialen Medien eine verbreitete Unsitte, dass Leute, die nie einen Acker gedüngt haben, die nie einen schmutzigen Kuhschwanz im Gesicht gehabt haben, die nie einer Ziege die Klauen geschnitten haben, bei landwirtschaftlichen Themen mitreden und vom Sofa aus verurteilen, was ihrer Ansicht nach in der Landwirtschaft alles schiefläuft. Aber mal die Komfortzone zu verlassen, selber in die Landwirtschaft einzusteigen und zu zeigen, dass sie es besser können und nicht nur träumen, dafür sind die meisten zu mutlos.

Ähnlich sinnlos ist es, wenn Personen, die noch nie von Systemtheorie, Kreislaufwirtschaft, Kohlenstoffsenken, oligotrophen Grünlandbiozönosen, Koevolution und Subökumene gehört haben, sich berufen fühlen, bei ökologischen Themen zu urteilen, statt von Fachleuten zu lernen.

Der Schauspieler Hannes Jaenicke behauptet, Stierkälber würden in Container geworfen. Obwohl er dafür keine Belege liefert und obwohl man nicht davon ausgehen kann, dass ein Schauspieler besondere Kompetenz bei landwirtschaftlichen Themen hat, glauben ihm viele naive Leute, einfach weil er prominent ist.

Philosophen äußern sich fernab jeglicher landwirtschaftlicher Realität und fernab jeglichen Verständnisses für ökologische Zusammenhänge. So verbreitet Peter Singer ein Weltbild auf der Basis des Schlagwortes »Speziesismus«. Richard David Precht macht Propaganda für Kunstfleisch und lehnt die Jagd ab. Ihre Thesen schaden der kleinbäuerlichen Landwirtschaft und spielen der zentralisierten industriellen Nahrungserzeugung zu. Zum Leidwesen von Landwirtschaft und Ökologie erreichen solche Fantasten mehr Publikum als ein engagierter Bauer oder ein Ökologe. Von Singers und Prechts Arbeit können wir nicht leben.

Bleiche Influencer beanspruchen, besser übers Tierwohl und über die ländliche Ressourcennutzung Bescheid zu wissen als erfahrene Landwirte. Sie machen der Landwirtschaft Verbesserungsvorschläge, die wenig mit der Realität zu tun haben. Mangels sozialer Kompetenz fehlt diesen Personen eine Kommunikation mit den Betroffenen. Oft tun sie so, als seien die Landwirte dumm und unmündig und müssten unbedingt von Außenstehenden belehrt werden. Im Lehnstuhl ist es immer leicht, Visionär zu sein, während man die Auseinandersetzung mit den Herausforderungen der Realität an andere delegiert. So sind auch politische Entscheidungen über die Landwirtschaft oftmals sehr praxisfremd und setzen die Landwirte vermehrt unter Existenzdruck.

Insbesondere viele Mitglieder der im letzten Kapitel behandelten Ernährungslehren machen sich die Welt immer wieder so zurecht, wie sie ihnen passt, und verbreiten Lügen und Halbwahrheiten, die geeignet sind, die Nutztierhaltung und damit auch die Weidehaltung in ein schlechtes Licht zu rücken. In ihrem einfach gestrickten Denken sind oftmals die Nutztierhalter – gemeinsam mit Metzgern und Jägern – die Sündenböcke für alles, was schiefläuft. So verbreiten einige von ihnen primitivste Hasspropaganda, bei der die doch eher komplexe Realität nur einen Störfaktor darstellt.

Manche Kritik ist berechtigt bei Bezug auf eine Tierhaltung mit Futtermitteln, die in Südamerika angebaut werden. Aber wenn da nicht differenziert wird und man alle Nutztierhaltung einschließlich der mobilen

Weidewirtschaft in der Subökumene in einen Topf wirft, dann hat das alles keinerlei konstruktiven Wert, sondern dient nur dem Ego und der Spaltung der Gesellschaft.

Manche Kritiker der Landwirtschaft argumentieren, man könne ja auch neue Wirtschaftsformen entwickeln, es müsse nicht alles so weiter gehen wie bisher. Das ist vollkommen richtig.[76] Wege entstehen im Gehen. Das setzt aber voraus, dass diejenigen, die es sagen, tatkräftig mit anpacken. Die meisten unter ihnen erwarten jedoch die Veränderungen von anderen, während sie selber untätig am Computer sitzen und weltfremde Forderungen stellen. Wege entstehen aber eben im aktiven Gehen, nicht in Forderungen aus der Komfortzone heraus, wie andere gefälligst zu gehen haben. Die Landwirtschaft braucht neue Impulse, keine Frage. Aber nicht von besserwisserischen Philosophen ohne Praxisbezug, sondern von Praktikern (die selbstverständlich zusätzlich einen theoretischen Hintergrund haben dürfen).

Klimawandel durch Atmung?

In Boulevardmedien wird nicht selten dem von Tieren (einschließlich des Menschen) ausgeatmeten Kohlenstoffdioxid (CO_2, umgangssprachlich Kohlendioxid) ein Beitrag zum Klimawandel zugesprochen. Im Prinzip lernt man den Kohlenstoffkreislauf schon in der Grundschule.

Hierbei handelt es sich fast ausnahmslos um ein gezieltes Ablenken von den Klimaauswirkungen fossiler Brennstoffe. So fand ich einmal im Kundenmagazin der Deutschen Bahn die Darstellung, schnelles Atmen würde den Klimawandel beschleunigen. Dabei kann die Bahn doch besser punkten, wenn sie sich mit anderen Motorfahrzeugen vergleicht. Bei einem Vergleich mit atmenden Tieren schneidet jede Nutzung fossiler Brennstoffe immer schlecht ab.

Das Kundenmagazin der GLS Bank schrieb mit Bezug auf den CO_2-Ausstoß, der Fleischkonsum trage zum Klimawandel »mehr bei als Flugzeuge, Autos und alle anderen Transportmittel zusammen.«[77] Ehrlichkeit geht anders. Hier sieht man, wie leicht es ist, mit Statistiken zu lügen, wenn die Adressaten keine Ahnung vom Thema haben: Man rechnet das ausgeatmete Kohlenstoffdioxid zum CO_2-Ausstoß und unterschlägt aus listig bedachtem Versehen die Tatsache, dass dieses CO_2

Teil eines Kreislaufs ist und daher nicht zum Anstieg in der Biosphäre beiträgt. Man hofft, dass die Kunden nichts von Ökologie wissen und nicht durchschauen, dass hier Zahlen ganz gezielt gefälscht wurden, um die Erdölindustrie grün zu waschen. Offenbar gibt es Menschen, die es ernst nehmen, wenn sich eine Bank zu ökologischen Themen äußert, da ihnen der Begriff des Kompetenzbereichs fremd ist. Zumindest macht der Autor keinen Hehl daraus, dass seine Meinung vom Shellkonzern beeinflusst ist.

Tiere atmen seit über 500 Millionen Jahren. Heterotrophe aerobe Bakterien atmen seit über zwei Milliarden Jahren. Von jeher ist die Atmung Teil eines Kreislaufs. Dieser Kreislauf erhöht den CO_2-Gehalt der Atmosphäre nicht, ganz im Unterschied zum Verbrennen fossiler Rohstoffe. Wir atmen nur Kohlenstoff aus, den wir mit der Nahrung aufgenommen haben, den zuvor Pflanzen mittels Photosynthese[78] aus der Atmosphäre gezogen haben.

Wer dem ausgeatmeten Kohlenstoffdioxid eine Klimarelevanz zuspricht, hat offensichtlich noch nie vom Kohlenstoffkreislauf gehört, sollte also bitte bei ökologischen Themen komplett schweigen. Wer der Tierhaltung die alleinige oder Hauptschuld am Klimawandel zuspricht, legt den Verdacht nahe, Vielflieger zu sein, auch sonst hemmungslos fossile Brennstoffe zu verbrauchen und davon ablenken zu wollen.

Während der menschengemachte Klimawandel in den 1980er Jahren auch von seriösen Wissenschaftlern noch bestritten wurde, ist heute der Klimawandel durch das CO_2 von fossilen Brennstoffen in naturwissenschaftlichen Kreisen unbestritten. Die Schuld von diesen Brennstoffen auf die Atmung zu verschieben, ist auf demselben eskapistischen Niveau wie das Leugnen des menschengemachten Klimawandels. Beides ist Lobbyarbeit für Industrien, die von fossilen Brennstoffen abhängen.

Es gibt immer Menschen, die einfache Sündenböcke für alles brauchen: Für viele sind die Tiere und ihre Halter am Klimawandel schuld. Man muss einen unbändigen Hass auf Tiere haben, um ihnen die Schuld am Klimawandel zu geben. Wären die Nutztiere tatsächlich schuld, müsste man lieber heute als morgen alle Nutztiere abschlachten. Aber da sind dann doch als Allererste ausgerechnet Tierhaltungskritiker dagegen. Im Klartext: Diese Leute kennen kein lösungsorientiertes Denken. Sie blockieren immer alle Lösungen, sie wollen nur Gründe zum Jammern.

Industrialisierte Nutztierhaltung hängt selbstverständlich ebenso wie industrialisierter Ackerbau stark von fossilen Brennstoffen ab und trägt damit zum Klimawandel bei. Dasselbe gilt für die Nahrungsmitteltransporte und viele Formen der Lagerung von Lebensmitteln. Das gilt aber nicht prinzipiell für die Nutztierhaltung, schon gar nicht auf der Weide.

Es ist sogar im Gegenteil so, dass Weiden Kohlenstoff speichern. Durch ihr ausgedehntes Wurzelsystem speichern ins besondere Gräser viel organisch gebundenen Kohlenstoff. Das gilt vor allem bei extensiver Beweidung, intensive Beweidung führt zum Abbau von Wurzelmasse. Abgestorbene Wurzelmasse wird zu Humus, der ebenfalls den Kohlenstoff im Boden hält. Dies bedeutet keine dauerhafte Festsetzung des Kohlenstoffs, keine Reduzierung des Kohlenstoffs in der Biosphäre. Aber immerhin für die Zeit der Existenz der Weiden senken diese den CO_2-Gehalt in der Atmosphäre. Dagegen führt Bodenbearbeitung, etwa mit dem Pflug, zu einem vermehrten Humusabbau, der der Luft CO_2 zufügt. Ein Umbruch von Grünland zu Acker würde daher den Klimawandel anheizen.[79]

Die Kuh als Methan-Monster

Kühe, in geringerem Maß andere Wiederkäuer, gelten in gewissen Kreisen als Methan ausstoßende Monster, die den Klimawandel anheizen.

Im Gegensatz zum Kohlenstoffdioxid der Atmung ist der Methanausstoß der Wiederkäuer tatsächlich klimarelevant. Allerdings betrifft der nicht nur Haustiere, sondern auch Gnuherden in Afrika und die einstigen riesigen Bisonherden in Nordamerika. Auch Termiten stoßen große Mengen Methan aus.[80] Auch im Nassreisanbau wird Methan (CH_4) freigesetzt. Auch Moore dünsten Methan aus. Das Thema ist komplexer, als es die Feinde der Wiederkäuer darstellen.

Methan trägt in der Tat mehr zur Klimaerwärmung bei als die gleiche Menge Kohlenstoffdioxid (24-mal so viel). Aber es wird mit den Jahren zu Letzterem abgebaut und bleibt im Kreislauf. Somit ist eine Umrechnung von Methan auf sogenannte »Kohlendioxid-Äquivalente« nur unter Vorbehalt möglich.

Noch stärker trägt allerdings Lachgas (N_2O) zur Klimaerwärmung bei. Dies wird bei der Stickstoffdüngung freigesetzt, umso mehr, je intensiver die Düngung stattfindet. Wenn Nutztierhaltung mit intensivem Futterbau einhergeht, ist sie folglich besonders klimaschädlich und macht zudem die Tiere zu Nahrungskonkurrenten der Menschen. Und nochmals bedeutend aktiver in Bezug auf den Treibhauseffekt ist das als Insektizid genutzte Sulfurylfluorid.

Gelegentlich liest man, eine Kuh, die viel Kraftfutter frisst, sei umweltfreundlicher als eine extensiv gehaltene Kuh. Eine Kuh, die intensiv gehalten wird, kann so viel Milch geben wie zwei extensiv gehaltene Kühe, so wird argumentiert, aber sie stößt nur halb so viel Methan aus wie zwei Kühe. Diese Logik enthält einen ganz entscheidenden Denkfehler: Hier werden die klimarelevanten Gase, die durch Anbau und Transport des Kraftfutters freigesetzt werden, völlig unter den Teppich gekehrt. Und diese sind viel problematischer. Eine Kuh, die durch Massen an Kraftfutter auf das Doppelte ihrer Milchleistung hochgepuscht wird, ist für das Klima keineswegs so unproblematisch, da das Kraftfutter für verschiedene klimaaktive Gase verantwortlich ist, natürlich in Abhängigkeit davon, was es für Kraftfutter ist. Das ist zunächst Lachgas bei der Düngung, dann auch Kohlenstoffdioxid bei der Verarbeitung und beim Transport. Die Realität ist eben etwas komplexer, als es die Lobbyisten glauben machen.

In eine ähnliche Richtung geht auch die neuerdings zu hörende Behauptung, Milch oder Butter aus biologischer Landwirtschaft sei besonders klimaschädlich. Da heute der Klimaschutz in aller Munde ist, bleibt es nicht aus, dass dieser absurde Blüten treibt und auch gegen die biologische Landwirtschaft genutzt wird, um die Industrialisierung der Landwirtschaft grün zu waschen. Das Argument ist: Da Biokühe weniger Milch geben, ist der Methanausstoß pro Liter Milch höher. Das ist rein mathematisch erst einmal richtig. Solche Behauptungen entstehen, wenn man einfach nach Schema Zahlen in Formeln einsetzt, ohne Zusammenhänge zu verstehen. Da werden Wiederkäuer als reine Milchmaschinen mit Methanemissionen berechnet. Eine Hochleistungs-Milchkuh liefert zwar mehr Milch, aber weniger brauchbares Fleisch als eine Kuh einer Zweinutzungsrasse, sodass mehr reine Fleischrinder die Folge sind, die ebenfalls Methan ausstoßen. Kühe liefern zudem Dung, der in der biologischen Landwirtschaft meist zielgerichteter eingesetzt wird als in konventionellen Großbetrieben. Und wie sollte man Tiere einordnen, die Methan produzieren, aber gar nicht gemolken werden? Würde man die zugrunde liegende Logik extrapolieren, müsste man durch null dividieren. Mit solchen Zahlenspielen spricht man nicht nur reinen Fleischrindern die Existenzberechtigung ab, sondern auch Bisons, Gazellen, Giraffen, Rehen und Termiten.

Man sollte nicht die Schuld am Klimawandel von den fossilen Brennstoffen weg auf die Wiederkäuer abwälzen, die seit 30 Millionen Jahren Methan ausstoßen. Das ist Greenwashing von Industrie und Verkehr, deren Klimawirkungen hier nicht weiter erörtert werden können.[81]

Ist Nutztierhaltung Flächenverschwendung?

Immer wieder wird gesagt, zur Produktion von Tierprodukten sei ein größerer Flächenverbrauch vonnöten als zur Pflanzenproduktion. Tendenziell ist es richtig, dass bei tierischer Produktion größere Flächen genutzt werden. Aber inwiefern werden sie »verbraucht«?

Bei intensivem Futterbau, der Flächen für menschliche Nahrung wegnimmt, ist diese Kritik berechtigt. Nicht aber bei Grünland. Wir wissen nun gut, dass die für Tiere genutzten Flächen einen großen ökologischen Wert haben können. Flächenpflege als »Verbrauch« zu titulieren, eine Verschwendung zu postulieren, ist eines mündigen Menschen unwürdig.

Ist Nutztierhaltung Tierquälerei?

Immer öfter wird gesagt, Nutztierhaltung sei Tierquälerei. Es gibt Haltungsformen, mit denen sich der Vorwurf belegen lässt, etwa von Hühnern in engen Käfigen, von Schweinen in engen Ställen. Aber das zu pauschalisieren, ist doch sehr gewagt.

Oft begegnet einem die Aussage, Menschen, die Fleisch essen, verdrängen, dass es sich um tote Tiere handelt. Auf viele Konsumenten trifft das zu. Aber das als ein Alleinstellungsmerkmal des Fleischessens darzustellen, beweist eine ideologische Verblendung. Es ist eine Folge der arbeitsteiligen Gesellschaft, dass Konsumenten oft nichts von der Produktion mitbekommen: Viele Menschen verdrängen, dass für ihren Salat Schnecken getötet werden, dass für die Lagerung ihres Getreides Mäuse getötet werden, dass für ihre Avocados Urwälder unwiederbringlich zerstört werden, dass für ihre Cashewnüsse sich Menschen die Hände verätzen. Andererseits gibt es Menschen, die bei Schlachtungen anwesend sind und folglich genau wissen, was das Stück Fleisch auf ihrem Teller ist, im Idealfall ein Tier, das sie selber kannten.

Wer sich fürs Tierwohl interessiert, hat die wertvolle Möglichkeit, Tierprodukte gezielt nach der Haltungsform auszuwählen. Und da ist die Verwendung von Weideprodukten sicher ein großer Schritt in die richtige Richtung. Wer mit Weidetieren arbeitet, weiß, was Tiere auf der Weide für eine große Freude empfinden können. Wer Weideprodukte verweigert, verweigert ihnen auch diese Lebensfreude. Wer keine Tierprodukte isst, verzichtet auf sein Stimmrecht zugunsten der einen oder anderen Haltungsform.

Jedes Interesse der Weideproduktverweigerer am Tierwohl ist scheinheilig, denn sonst müssten sie ja Grünland als Lebensraum von Schmetterlingen und Heuschrecken unterstützen. Außerdem müssten sie den Nutztieren Möglichkeiten bieten, zu leben und das Leben zu genießen, was in den meisten Fällen nur bei Nutzung geschieht. Seltene Nutztierrassen brauchen zum Überleben eine gewisse Wirtschaftlichkeit. Wer an Tierwohl interessiert ist, meidet nicht Tierprodukte, sondern Palmöl, da für dessen Produktion riesige Urwaldareale in Südostasien abgeholzt werden, wodurch viele Tiere zu Tode kommen, gar ausgerottet werden, darunter die Orang-Utans.

Es gibt engagierte Menschen, die sich für mehr Tierwohl in der Tierhaltung einsetzen und sich dabei an praktischer Machbarkeit und an Erfahrungen mit realen Tieren orientieren. Menschen, die Tiere halten und dabei auf ihr Wohl achten, tun einiges fürs Tierwohl. Von selbsternannten Tierschützern, die diese Tierhalter beschimpfen, hat kein Tier auch nur den geringsten Nutzen. Oft fallen sie diesen engagierten Menschen noch in den Rücken, da sie vom Sofa aus für sich beanspruchen, Experten des Tierwohls zu sein.

Nicht selten kommt von solchen Leuten der Spruch: »Seitdem ich die Menschen kenne, liebe ich die Tiere.« Im Klartext: Sie »lieben« auch die Tiere nur, solange sie sie nicht kennen. Dennoch beanspruchen sie oftmals sogar, im Namen »der« Tiere zu sprechen. Wie soll ein Mensch, der seinen Mitmenschen im Alltag ohne Einfühlsamkeit begegnet, bei unbekannten Lebewesen einfühlsam sein? Hier drängt sich doch der

Verdacht auf, dass jemand die Tiere nur als Vorwand missbraucht, um die eigenen Probleme mit den Mitmenschen zu rationalisieren.

Hier soll mal wieder der große Praktiker John Seymour zu Wort kommen, der viel mit verschiedenen Tieren arbeitete: »Vegetarier sind meistens Städter oder Großstädter, und es passt genau zu Leuten, die so lange von Tieren getrennt leben, dass sie zur Vermenschlichung neigen.«[82] Dies als Gedankenanregung, nicht als endgültige Wahrheit.

Probleme mit Landgeräuschen

Es gibt Personen mit dem merkwürdigen Hobby, gegen Landgeräusche anzukämpfen. Jemand zieht aufs Land und beschwert sich über den Glockenklang der Kühe, das Krähen der Hähne. Und jeder vernünftige Mensch fragt sich, warum diese Problemmenschen nicht lieber in einer Großstadt oder neben einer Autobahn wohnen, wo sie ganz sicher keine Kuhglocken und Hähne hören.

Es gibt Städter, die behaupten, die Kühe würden unter den Glocken leiden. Wenn sie selber keinerlei Erfahrung mit Kühen haben, sollten sie das Urteil doch lieber anderen überlassen. Es gibt Tierhalter, die aus Erfahrung schließen, dass Tiere keine allzu großen Glocken haben sollen, das kann man ernst nehmen. Die schwersten Glocken tragen sie ohnehin meist nur kurzzeitig zum Alpabtrieb. Wissenschaftliche Studien konnten bisher nicht zeigen, dass Kühe unter dem Gewicht oder dem Klang der Glocken nennenswert leiden.

Genau genommen müssen wir terminologisch unterscheiden zwischen Glocken, die gegossen sind, und Schellen, die geschmiedet sind. Beide erfüllen denselben Zweck: Sie erleichtern das Auffinden der Tiere auf der Weide oder auch außerhalb der Weide, wenn sie ausgebrochen sind. In den Bergen kann das Wiederfinden eines Tieres, bevor es abstürzt, überlebenswichtig sein. Wer gegen die Glocken oder Schellen kämpft, zieht offenbar vor, dass Kühe zu Tode stürzen.

Selbstverständlich tragen nicht nur Kühe und Rinder Geläut, sondern auch Ziegen und Schafe auf der Weide. Dagegen tragen Stiere und Böcke meist kein Geläut, da es beim Deckakt hinderlich wäre. In der Praxis muss man immer wieder Kompromisse eingehen und kann nicht so konsistent sein, wie es manche Philosophen in ihren Theorien fordern.

Ein Kampf gegen Glocken bedeutet unterschwellig einen Kampf gegen die Weidewirtschaft und damit für reine Stallhaltung. Zum Glück für Tierhalter und Tiere nehmen aber viele Touristen den Glockenklang als Teil der Landidylle wahr. Auf die Dauer sind Alternativen möglich, etwa GPS-Sender. Die Entscheidung muss bei den Praktikern liegen.

Klauen Landwirte Subventionen?

Immer wieder beschwert sich jemand, dass die Landwirtschaft – und das gilt auch für die Alpwirtschaft – so viele Subventionen bekommt. Das klingt so, als würde es sich dabei um Almosen handeln. Das ist aber nicht gerecht und zeigt, wie wenig Respekt die verwöhnte Konsumgesellschaft gegenüber denjenigen hat, die ihre Versorgung mit Lebensmitteln und Ökosystemen sicherstellen.

Gelder vom Staat und damit von Steuern bekommen schließlich auch andere, wie Politiker und Beamte, auch die beiden großen Kirchen. Vergessen wir nicht die Summen, die in der Bankenkrise nach 2008 in die Banken gesteckt wurden, um sie zu retten. Und letztlich wird – auch wenn es viele nicht hören mögen – auch das Autofahren subventioniert; einen beachtlichen Anteil des Autofahrens zahlt die Allgemeinheit, von der Bereitstellung der Parkplätze bis hin zur Infrastruktur für Verkehrsdurchsagen. Die Heruntersubventionierung gilt in besonderem Maße für Flug- und Schiffsreisen, da der Treibstoff völlig steuerbefreit ist.

Anders als Banken bringen Landwirte für die ihnen zur Verfügung gestellten Gelder gemeinnützige Gegenleistungen in der Landschaftspflege, die vielerorts auch für den Tourismus wichtig ist.[83] Letzten Endes werden die Lebensmittel subventioniert, dass sie so billig sind.

Man mag fragen, ob Wirtschaftsweisen, die sich nur mit Subventionen halten können, nicht als veraltet anzusehen sind und moderneren Wirtschaftsweisen weichen sollten. Die Frage ist dann: Was sind die Alternativen, diese moderneren Wirtschaftsformen, und wer setzt sie um?

Wenn wir nicht bereit sind, für Lebensmittel angemessene Preise zu zahlen, zahlen wir eben den fehlenden Preis über Subventionen. Und wenn sich immer mehr Leute weigern, für Weideprodukte zu zahlen, braucht es auch wieder mehr Subventionen. Derzeit wäre die Alternative, dass die lokale Landwirtschaft zugrunde geht und alle Lebensmittel importiert werden müssen. Dann haben wir noch weniger Kontrolle über menschenwürdige Arbeitsbedingungen und Umweltfreundlichkeit. Andere Alternativen sind vielleicht möglich, kommen aber nicht aus dem Nichts. Wer von all denen, die sich über die Subventionierung der Landwirtschaft beschweren, bringt den Einsatz, neue Formen der Versorgungssicherheit zu entwickeln?

Sicher wäre es erstrebenswert, dass Nahrungsproduzenten ohne Subventionen überleben könnten. Das würde voraussetzen, dass sie für ihre Produkte angemessene Preise bekämen und dass ihre Produkte, etwa Wolle und Schaffleisch, überhaupt nachgefragt würden. Höhere Preise für Lebensmittel hätten vermutlich auch die Nebenwirkung, dass die Menschen dem Essen und seinen Produzenten mehr Wertschätzung entgegenbrächten, dass nicht so viele Lebensmittel im Müll landeten,[84] dass die Menschen nicht mit so viel Anspruchshaltung bezüglich des Essens kämen und sich folglich mehr nach dem Angebot als nach Ernährungstrends richteten.

Für Nahrungserzeuger ist es selbstverständlich auch angenehmer, für die Kunden zu arbeiten als für den Staat und die Subventionen. Dann können die Kunden mehr mitreden, statt dass der Staat Auflagen macht.

Sind Wölfe ein Problem?

Immer mehr Schafhalter geben auf, nachdem etliche ihrer Schafe durch einen Wolfsriss schwer verwundet wurden und aus ihren Qualen erlöst werden mussten. Die einseitig verherrlichende Sicht des Wolfes (*Canis lupus*) vor allem durch den NABU muss daher dringend kritisch hinterfragt werden. Noch verschließen viele Unbeteiligte die Augen.

Nicht nur Schafe, auch Rinder, Pferde und Esel wurden schon Opfer von Wolfsrissen. Schafe sind wegen ihres Herdenverhaltens am leichtesten in Massen zu reißen, wenn der Wolf in einen Blutrausch kommt.

Gerade Städter sagen gerne, wenn Wölfe Schafe reißen, sei das eben Natur. Ergötzen die sich am Tierleid? Das lässt sich leicht sagen, wenn man selber durch solide Wände vor den Naturgewalten geschützt ist. Die Schäfer sind wohl die Letzten, denen jemand anders zu erzählen braucht, was Natur sei.

Die unsensibelsten Leute beschimpfen gar die Schäfer, sie würden sich zu wenig um ihre Tiere kümmern. Man stelle sich das vor: Erst sieht man seine geliebten Tiere qualvoll verenden, dann wird man noch dafür beschimpft! Was muss in Menschen vorgehen, dass sie dermaßen gefühl- und respektlos mit leidenden Menschen umgehen? Haben sie nie gelernt, sich wenigstens ein bisschen in andere Menschen hineinzuversetzen?

Dieses Plakat drückt Verzweiflung aus.

Tipps von naturfernen Städtern sind jedenfalls alles andere als hilfreich. Etwa der oft geäußerte Vorschlag, besser zu zäunen, ist einfach nur lächerlich. Wollen wir im Ernst die ganze Landschaft, die von Wanderschafen durchzogen wird, mit fest installierten vier Meter hohen Zäunen umstellt haben? Das Wild wird sich bedanken, wenn ihm allenthalben die Korridore durch unüberwindliche Zäune versperrt werden. Manche Wildtiere sind schon in solchen Zäunen verendet. Solche Albernheiten kommen dabei heraus, wenn landwirtschaftsferne Leute der Landwirtschaft Tipps geben wollen.

Der Vorschlag, Herdenschutzhunde zu nutzen, ist nur bedingt realistisch. Sie sind ein Kostenfaktor. Bei kleinen Herden ist das kaum rentabel. Herdenschutzhunde sind mit Spaziergängern nicht immer kompatibel, vor allem solchen, die keinen Respekt zeigen, die diese Hunde gar noch streicheln wollen. Wenn dann jemand von einem Hund gebissen wird, gibt die Rechtsprechung dem Tierhalter die Schuld, nicht dem respektlosen Spaziergänger. Erfahrungen aus dünnbesiedelten Gegenden Anatoliens lassen sich nicht eins zu eins auf Mitteleuropa übertragen.[85]

Andere Tiere wurden schon zum Herdenschutz vorgeschlagen, etwa Lamas. Viele Tierhalter finden diesen Vorschlag albern. Das Thema wird sehr emotional, kaum sachlich diskutiert.[86]

Manche Besserwisser schlagen gar Esel zum Herdenschutz vor. Esel sind selber Beute für Wölfe. Das einzige, was sie bei einem Wolfsangriff tun können, ist schreien und auf den Wolf aufmerksam machen. Wenn der Schäfer gerade nicht da ist (was nachts leicht passiert), ist das nutzlos. Und selbst wenn der Schäfer in der Nähe ist, hat er nicht viel Handhabe gegen den Wolf, sondern muss zuschauen, wie dieser im Blutrausch ein Schaf nach dem anderen schwer verwundet.

Oft hört man von weltfremden Träumern auch den kindlich-naiven Spruch, der Wolf sei nicht böse. Nun geht es in der realen Welt gar nicht wie im Märchen um eine moralische Einordnung des Wolfes als gut oder böse. Es geht um praktische Belange und damit um eine Evaluation der Wölfe innerhalb eines größeren ökologischen und ökonomischen Systems.[87] Muss hier unbedingt polarisiert werden, dass auf der einen Seite komplette Wolfsgegner, auf der anderen Seite unkritische Wolfsbefürworter (»Wolfskuschler«) stehen?

Manchmal fällt der Spruch, der Mensch sei das schlimmere Raubtier. Diese Sichtweise lässt sich zweifellos argumentativ begründen. Aber sie löst keine Probleme, da sie keine praktischen Konsequenzen hat. Die einseitige Verherrlichung der Wölfe wurde schon psychologisch als ein Rachebedürfnis an der Menschheit gedeutet.

Eine Folge der Wolfsrisse ist der Rückgang der Weidewirtschaft. Manche Tierhalter halten ihre Tiere deshalb vermehrt im Stall. Ein unbeschränktes Ja zu den Wölfen bedeutet ein Nein zur Weidewirtschaft, damit ein Nein zum Tierwohl und zu den Weideökosystemen.

An sich befürwortet auch der NABU Extensivweiden. Dazu passt die unkritische Wolfsverklärung aber nicht so gut, mit der er sich unter den

Weidehaltern viele Feinde gemacht hat. Man kann nicht die Biodiversität auf eine einzige Tierart beschränken, insbesondere wenn dieser wertvolle Ökosysteme geopfert werden. Auch der BUND sympathisiert mit dieser Politik des NABU. Er wirbt beim Thema Tierhaltung und Tierprodukte mit dem Spruch »Maß halten statt Massen halten«. Da sollte man doch eigentlich Solidarität mit der Weidewirtschaft und Respekt für die Schäfer zeigen und die Wölfe nicht so einseitig romantisiert sehen.

In etlichen anderen Ländern gibt es ein aktives Wolfsmanagement, und zumindest Problemwölfe, die immer wieder Schafe reißen, werden entnommen. Das dicht besiedelte Deutschland, das weniger Platz für Wölfe hat als viele andere Länder, nähert sich dem erst sehr langsam an. Es ist an der Zeit, dass man in Deutschland ernsthaft darüber nachdenkt, die Wolfspopulation auf ein ökologisch tragfähiges Maß zu begrenzen.

Idylle einer Alpweide: Blütenmeer, im Hintergrund Ziegen

Anhang

Danksagung

Einige Personen verdienen meinen Dank, denn ohne sie wäre dieses Werk nicht das geworden, was es ist.

Viele Menschen haben zu meinem Wissen beigetragen, das ich hier weitergeben kann. Unter meinen Universitätsprofessoren danke ich besonders Frau Prof. Dr. Otti Wilmanns und Herrn Prof. Dr. Arno Bogenrieder aus der Geobotanik, Herrn Prof. Dr. Stefan Seitz aus der Ethnologie und Herrn Prof. Dr. Rüdiger Mäckel aus der Geografie.

Dank schulde ich jenen Menschen, die mir vieles aus der praktischen Landwirtschaft nahegebracht haben. Stellvertretend möchte ich zwei Personen nennen: die Gemüsebäuerin Rosalina Marí Ribas, auf deren Biobetrieb auf Ibiza ich einige Jahre mitarbeitete, und den Kuh- und Ziegenbauern Jakob »Schagg« Marti aus Elm, der drei Sommer mein Chef auf einer vorbildlich geführten Glarner Alp war, für den es nie Probleme, sondern nur Lösungen gab.

Für die Vermittlung profunden Wissens über Natur und Kultur der Insel Ibiza danke ich Antoni Tur Marí »Cardona«, der mir beim gemeinsamen Arbeiten auf dem Acker seiner eben genannten Frau Rosalina viel Interessantes erzählte, den Gemüse- und Ziegenbäuerinnen und Käserinnen Maria Marí Colomar und Fina Prats Cruz und dem Förster Miguel Vericad. In diesem Zusammenhang gebührt meinem Freund Oriol Mestres Dank für seinen unschätzbaren Beitrag zu meinen Katalanischkenntnissen, die mir das Verstehen der Fachvorträge erst ermöglichten.

Meinen indigenen Compañeros in Ecuador danke ich, dass sie mir einen Einblick in ihre Landwirtschaft gewährten. Namentlich erwähnen möchte ich José Manuel Morales Iguago, der mich zum Fischen und auf die Jagd mitnahm und mir das Pflügen mit Ochsengespann zeigte.

Danken möchte ich auch meinen Freunden Dr. Ursula Niesert, Dr. Wolfgang Schühly und Dr. Manfred Westermayer für das Korrekturlesen des Manuskripts und wertvolle Anregungen.

Dem oekom verlag danke ich für die sehr angenehme Zusammenarbeit zum Verlegen dieses Werkes.

Dankbar bin ich nicht nur Menschen. Den Ziegen, Hühnern und sonstigen Tieren, mit denen ich im Laufe meines Lebens gearbeitet habe, verdanke ich erstens viele schöne Erlebnisse, zweitens viele gute Produkte und drittens einen Einblick in ihre Gefühls- und Verhaltenswelt, was in dieses Buch einfließen konnte.

Glossar von Fachausdrücken

Hier werden ein paar Begriffe erläutert, die vermutlich nicht allen bekannt sind, vor allem ökologische Fachbegriffe.

aerob: Aerobe Organismen sind solche, die zum Leben Sauerstoff brauchen. Das Gegenteil sind anaerobe Organismen, die entweder obligat anaerob sind, also vom Sauerstoff sterben, oder aber fakultativ anaerob, also mit und ohne Sauerstoff leben können.

autotroph: Autotrophe Organismen sind solche, die selber organische Substanz erzeugen. Das sind die meisten Pflanzen und manche Bakterien. Die meisten sind photoautotroph, nutzen also das Sonnenlicht zur Energiegewinnung. Es gibt in der Tiefsee chemoautotrophe Bakterien, die chemische Energie nutzen, um organische Substanz aufzubauen und dort die Basis eines sonnenunabhängigen Ökosystems sind. Gegensatz: heterotroph.

Biozönose: Gesamtheit der Lebewesen eines Ökosystems. Ein Ökosystem besteht aus dem Biotop als räumlicher Komponente und der Biozönose als den Lebewesen. Die Gesamtheit der Pflanzen ist die Phytozönose, die Gesamtheit der Tiere die Zoozönose, die Gesamtheit der Pilze die Mykozönose.

Diaspore: Ausbreitungseinheit einer Pflanze. Das kann ein Same sein, das kann auch eine Frucht oder ein Teil davon sein, manchmal mit Anhängseln zur Windverbreitung.

endemisch: Endemische Arten sind Arten, die auf ein bestimmtes Gebiet beschränkt sind.

extensiv: Extensive Bewirtschaftung bedeutet einen geringen Einsatz der Produktionsfaktoren Arbeit und Kapital im Verhältnis zur Fläche.

Extensivweiden haben eine relativ geringe Bestückung der Weiden, die in der Regel allenfalls mit Wirtschaftsdünger gedüngt werden.

Geophyt: mehrjährige Pflanze, die die ungünstige Jahreszeit nur im Boden überdauert, etwa in Form einer Zwiebel oder einer Knolle.

Hemikryptophyt: mehrjährige Pflanze, die die ungünstige Jahreszeit mit den Erneuerungsknospen wenig über dem Boden überdauert. Hierzu zählen beispielsweise die Rosettenpflanzen.

heterotroph: Heterotrophe Organismen sind solche, die ihre organische Substanz nicht selber erzeugen können, sondern von anderen aufnehmen. Hierzu gehören die Tiere, die Pilze, viele Bakterien und die chlorophyllfreien Pflanzen. Gegensatz: autotroph.

Hypertrophierung: zu starke Nährstoffversorgung. In der Umgangssprache spricht man oft von Eutrophierung, dies ist genau genommen eine gute Nährstoffversorgung. Eutrophe Ökosysteme sind gut mit Nährstoffen versorgt, hypertrophe Ökosysteme sind überversorgt.

Kationenaustauschkapazität: die Fähigkeit eines Bodens (oder eines Teiles von diesem), Kationen (also positiv geladene Ionen) wie Kalium (K^+) und Ammonium (NH_4^+) anzulagern und damit vorm Auswaschen zu bewahren.

Koevolution: gemeinsame Evolution biologischer Sippen, die in Wechselwirkung zueinander stehen.

Nettoprimärproduktion: Die Primärproduktion eines Gebietes ist die Produktion organischer Materie durch Pflanzen. Da die Pflanzen selber einen Teil ihrer Produktion wieder durch Atmung abbauen, unterscheidet man zwischen der Bruttoprimärproduktion und der nach Abzug der Atmungsverluste verbleibenden Nettoprimärproduktion.

Öhmd: Öhmd oder Grummet nennt man den zweiten Grasschnitt und eventuelle weitere Schnitte. Heu ist in der Sprache der Landwirtschaft nur der erste Schnitt.

Ökologie: die Wissenschaft von den Beziehungen der Lebewesen mit ihrer belebten und unbelebten Umwelt.

Ökumene: der besiedel- und bewirtschaftbare Teil der Erdoberfläche. Der nur bedingt besiedel- und bewirtschaftbare Teil ist die Subökumene.

Phytozönose: Gesamtheit der Pflanzen eines Ökosystems, also der pflanzliche Teil der Biozönose.

Quechua: Sprachgruppe in den Anden, das Quechua war Staatssprache des Inkareichs.

r-Strategen: Man unterscheidet in der Ökologie zwischen r-Strategen und K-Strategen. Die ersteren stecken ihre Energie in eine hohe Anzahl von Nachkommen, von denen nur wenige überleben; die letzteren stecken ihre Energie dagegen in einige wenige Nachkommen, um von ihnen möglichst alle am Leben zu erhalten. Diese Einteilung ist für Tiere und Pflanzen gleichermaßen relevant.

Subökumene: der nur bedingt besiedel- und bewirtschaftbare Teil der Erdoberfläche, vgl. das betreffende Kapitel.

Anmerkungen

1. Seymour 1991: 198.
2. Andreae 1985: 185 (zu meiner Unizeit *das* Standardwerk der Agrargeografie).
3. Umgangssprachlich spricht man hier von Erosion, was in der Fachsprache aber nur der Abtrag durch linienhaft fließendes Wasser (Bäche, Flüsse) ist. Hier: Deflation ist Abtrag durch Wind (»Winderosion«), Spüldenudation ist Abtrag durch flächig fließendes Wasser, etwa Regenwasser.
4. H. J. Müller 1984: 356.
5. Seymour 1991: 90.
6. Scholz 1994: 74.
7. Den Halbnomadismus der Saraguros habe ich in meiner Abschlussarbeit an der Universität mitbehandelt. In zwei Artikeln habe ich ihn dargestellt: Janzing 1997b, Janzing 1998, mehr dazu bei: Stewart/Belote 1976.
8. Ein Ausstieg ist natürlich immer ein Ausstieg *aus etwas*. Woraus die Menschen aussteigen, lässt sich nicht pauschal sagen, da es individuell ist. Für mich waren die ersten Sommer ein willkommener Ausstieg aus dem Stadtleben.
9. Das Wort »alpin« wird in den Geowissenschaften für eine Höhenstufe genutzt, daher sagt man bei Bezug auf die Alpen lieber zur Unterscheidung »alpisch«.
10. Einen Winter habe ich in Norwegen verlebt. Ich hatte immer ein schlechtes Ökogewissen, wenn ich Obst und Gemüse kaufte, denn sie kamen von weit her (Birnen aus Holland, Knoblauch aus Spanien ...). Ziegen- und Kuhprodukte, Wild, Getreide und Rapsöl gab es aus der näheren oder ferneren Umgebung.
11. Botanisch gehören Getreide einschließlich des Maises zu den Gräsern. Hier geht es nicht um die Abgrenzung der Gräser gegenüber anderen Pflanzen, sondern von zellulosereichen vegetativen Pflanzenteilen (die als »Gras« gefressen werden) gegenüber stärke- oder proteinreichen Früchten und Samen.
12. Ein lesenswerter Artikel zu den Wiederkäuern: Goldau 2011.

13. Die bisweilen zu findende Aussage, der Auerochse als Art sei ausgestorben, ist insofern nicht ganz richtig, da in der heutigen zoologischen Systematik das Hausrind zur selben Art gezählt wird wie der Auerochse.
14. Carigiet. 2018: 3. Das Zitat stammt aus dem Vorwort zu einer Kindergeschichte, die sehr realistisch und einfühlsam das Leben eines Ziegenhirten darstellt. Alois Carigiet stammte aus dem Bündner Oberland.
15. In der Sprache der Jäger ist die Geiß das weibliche Stück von Gamswild und Steinwild, regional auch vom Rehwild; das männliche Stück aller drei Wildarten ist der Bock, das Jungtier heißt Kitz.
16. Da dieser damalige Politiker ein Freund von mir ist, konnte ich Informationen aus erster Hand bekommen. Weitere Informationen habe ich von einem Verantwortlichen der Vegetationsuntersuchungen von Mallorcas Universität.
17. Ein Artikel zu Wasserbüffeln in der Landschaftspflege: Künkler 2020.
18. Ein ethnologischer Aufsatz zur Rentierhaltung: Turza 1992.
19. Da sich die Zusammensetzung der Luft mit der Höhe nicht ändert, sinkt der Sauerstoffpartialdruck mit der Höhe proportional zum Luftdruck.
20. Gareis 1992: 322.
21. Ich kenne einen Ziegenbetrieb, der ein einzelnes Lama hält. Dieses ist mit den Ziegen aufgewachsen und fühlt sich offensichtlich als Teil der Ziegenherde.
22. Das gehört zwar nicht zum Thema dieses Werkes, aber die Kannibalismusmythen habe ich bereits in einem Buch und in einer ethnologischen Fachzeitschrift behandelt: Janzing 2006, Janzing 2008.
23. Quelle: Schühly et al. 2021.
24. Gröhn-Wittern 2010: 17. Derlei Zahlen sind mit Vorsicht zu nehmen, zumal keine Methodik genannt ist, die »Menschen, die arm sind«, abzugrenzen.
25. Hier mal ein paar Zahlen, die naturgemäß generalisieren und nicht die Variationsbreite berücksichtigen. Als Ertrag kann man etwa 7 t Spargel pro Hektar und Jahr rechnen. Das entspricht dem Ertrag von Weizen. 100 g Spargel haben einen Brennwert von etwa 85 kJ, während 100 g Weizen 1200 kJ zu bieten haben. Pro Quadratmeter kommen wir auf etwa 600 kJ beim Spargel, 8500 kJ beim Weizen. Eine Kuh, die hauptsächlich Gras frisst, braucht etwa 1,5 ha. Der Ertrag an Milch ist sehr unterschiedlich, liegt meist bei ein paar tausend kg pro Jahr. 100 g Milch haben einen Brennwert von 270 kJ. Bei einer Jahresmilchleistung von 4000 kg (bei einer Extensivrasse ohne viel Kraftfutter realistisch) erreichen wir gut 700 kJ/m². Milch alleine übersteigt also schon den Energieertrag von Spargel. Hinzu kommt der Ertrag an Fleisch und Dung. Hier ist der Input an Energie noch nicht abgezogen, etwa für Düngung und Bearbeitung des Spargels oder für Melkmaschine und Milchkühlung.
26. Seymour 1991: 18.
27. Zum Beispiel: Harris 1985.
28. Im Deutschen hat sich dieses Wort so eingebürgert. Manche anderen Sprachen drücken nicht die zweifache Nutzung aus (denn man kann ja im Prinzip auch bei einer Milchrasse das Fleisch nutzen), sondern den zweifachen Zweck, das

zweifache Zuchtziel, etwa englisch *double-purpose breed*, spanisch *raza de doble propósito* (neben *raza de doble aprovechamiento*).

29. Dass Milch und ihre Derivate hier ausführlicher behandelt werden als Fleisch und andere Produkte, ist keine Objektivität, sondern hängt mit meinem persönlichen Kompetenzbereich zusammen.
30. Seife mit Ziegenmilch habe ich schon gemacht, Eselsmilch hatte ich bisher nie zur Verfügung.
31. Schimmelpilze, die von Natur aus Stoffe mit Labwirkung erzeugen: *Mucor miehei*, *Mucor pusilus*, *Endothia parasitica*. Gentechnisch zur Erzeugung von Chymosin verändert wurden die Pilze *Kluyveromyces lactis* und *Aspergillus niger* sowie das Bakterium *Escherichia coli* (Quelle: Wallmeyer 2015).
32. Über pflanzliches Lab habe ich vor. allem auf Ibiza geforscht, wo eine gute Freundin von mir damit exzellenten Ziegenkäse bereitet. Ich habe versuchsweise in einer Schweizer Sennerei damit gekäst und einige Begeisterung hervorgerufen. Näheres in meinem Artikel: Janzing 2017, auch online zu finden unter zalp.ch. Christian Wallmeyer aus Münster hat für seinen Molkerei-Meistertitel am Dr.-Oskar-Farny-Institut in Wangen mit pflanzlichem Lab experimentiert (Wallmeyer 2015). Andere Pflanzenteile mit Labwirkung sind der Milchsaft des Feigenbaumes (*Ficus carica* und andere Arten) und die Samen des Nachtschattengewächses *Solanum dubium*. Auch über das Echte Labkraut (*Galium verum*) gibt es Berichte, dass es Milch zum Gerinnen bringt.
33. Während Chymosin das α-Kasein an zwei Stellen spaltet, das β-Kasein an einer, spaltet Cardenosin das α-Kasein in sechs Stellen, das β-Kasein an neun. So entwickelt sich der Käse anders als der mit Chymosin dickgelegte (Quelle: Wallmeyer 2015).
34. Ukrainisch: *гуслянка*.
35. Man spricht hier von heterofermentativer Milchsäuregärung: Milchsäuregärung und Äthanolgärung gleichzeitig.
36. Kasachisch: *қымыз*, kirgisisch: *кымыз*, russisch: *кумыс*.
37. Bei Ziegenmolke ist die Säurezugabe nicht nötig. Eine chemische Erklärung für diesen Unterschied zwischen Kuh- und Ziegenmolke ist mir bislang trotz einschlägiger Recherche mit fleißigem Befragen nicht bekannt.
38. Vorsicht vor falschen Freunden: Im Sprachgebrauch einiger romanischer und slawischer Sprachen wird jede Molke wörtlich als »Milchserum« bezeichnet: span. *suero de leche*, *lactosérum*, italien. *siero di latte*, russ. *молочная сыворотка*, ukrain. *молочна сироватка*.
39. Die Schreibung mit *ee* ist englisch. Im Hindi ist es घी (*ghī*), im Sanskrit घृतम् (*ghṛtam*).
40. Das Lifestyle-Magazin Ökotest brachte am 21.2.2019 unter dem Titel »Diese Lebensmittel sind die schlimmsten Klimakiller« einen Artikel, in dem es Butter ganz undifferenziert auf Platz eins nannte. Das ist billigster Populismus. Gut zu wissen: Ökotest gehört zur Unternehmensgruppe Green Lifestyle Group, deren Name schon verrät, dass es hier um ein Grünwaschen eines Lifestyles geht. Dass die heimische Landwirtschaft dabei schlecht wegkommt,

ist nicht weiter verwunderlich. Zur selben Unternehmensgruppe gehört auch der Avocadostore, benannt nach einer Frucht, die von weit herkommt, für deren Anbau in Mexiko Urwälder zerstört werden und im Mittelmeergebiet viel Wasser verbraucht wird. Es ist ein Versandhandel, der mit veganen Snobprodukten mit oft langen Transportwegen und teils aufwendiger chemischer Aufbereitung (etwa Vitaminpräparaten) Geld macht.

41. Bei Alpakas ist künstliche Besamung nicht möglich, da sie keinen Brunstzyklus haben, sondern der Eisprung durch den Deckakt ausgelöst wird.
42. Dieses Thema habe ich, ausgehend von Rousseaus »Edlen Wilden«, in einem Buch näher beleuchtet: Janzing 2006.
43. Ein begeister Artikel zur Wolle von einer Praktikerin: Wallenberger 2017.
44. Allerdings ist hier zu berücksichtigen, dass sich Textilien in den Nordanden aus klimatischen Gründen viel schlechter konservieren als in den Zentralanden. Darum gibt es in Ecuador bedeutend weniger archäologische Textilfunde als in Peru. So sind Aussagen über Textilien in vorinkaischer Zeit im Gebiet des heutigen Ecuador nur unter Vorbehalt zu machen.
45. Das Kasein setzt sich aus verschiedenen Fraktionen zusammen, deren Reaktionen unterschiedlich sind: α_S-Kasein (Alpha$_S$-Kasein; in der Kuhmilch ca. 38%), β-(Beta-)Kasein (ca. 30,8%) und κ-(Kappa-)Kasein (ca. 10,1%) (Quelle: Wallmeyer 2015).
46. Katalanisch: *botifarra, sobrassada*, spanisch: *butifarra, sobrasada.*
47. Ein diesbezüglicher Artikel zu Biogasanlagen: Zietz 2019.
48. Eine ausführliche, aber nicht mehr ganz neue Monographie über den Pflug: Haudricourt/Delamar 1955.
49. Ehe jemand den Verdacht äußert, ich sei Vielflieger, möchte ich klarstellen, dass ich nach Ecuador und zurück mit dem Frachtschiff gefahren bin. Ob das umweltfreundlicher ist als mit dem Flugzeug, ist schwer zu sagen. Zumindest führt die Reisedauer dazu, dass man solche Fernreisen nicht oft macht.
50. Ein Werk über die Heilwirkungen durch Haustiere: Kusztrich 1988.
51. Das Wort »Beeren« ist hier im umgangssprachlichen Sinne zu verstehen. In der botanischen Fruchtmorphologie ist die Erdbeere keine Beere, sondern eine Sammelnussfrucht.
52. Diese Information beruht auf mündlicher Mitteilung eines Freundes, der an der Universität Graz an Honigbienen forscht.
53. Oberdorfer 1990: 7.
54. Literatur: Wilmanns 1989, Oberdorfer 1990.
55. Quelle: Wilmanns 1989: 187, 193.
56. Ein großartiges Buch zur Geobotanik der Balearen (katalanisch): Bonner 2004.
57. Bestimmungsliteratur: Oberdorfer 1990, Binz/Heitz 1991.
58. In der technisierten Landwirtschaft beschränken sich Mischkulturen meist auf Futtermischungen wie Hafer-Erbsen-Gemisch. Im vorkolonialen Amerika war Mischkultur aus Mais und Bohnen verbreitet von den Irokesen im Osten Nordamerikas über die Azteken Mesoamerikas bis ins Inkareich in den Anden: Der

Mais als Starkzehrer profitiert vom Stickstoff der Bohnen, und dient seinerseits diesem als Rankhilfe. Hinzu kommt der Kürbis als Bodendecker.

59. Oftmals werden Schmetterlingsblütler, Mimosengewächse und Caesalpiniengewächse als Unterfamilien einer einzigen Familie betrachtet; die Systematik ist eben nicht immer so eindeutig.
60. Eine Ausnahme ist der Johannisbrotbaum, er hat keine Knöllchenbakterien, so sind seine Früchte nicht reich an Proteinen, wohl aber reich an Zucker.
61. Wie begeistert Schafe und Ziegen Eicheln fressen, stellte ich als Begleiter fest: In Nordhessen begleitete ich einen Tag lang eine Schäferin, im eichenreichen Hochland von Extremadura einen Tag lang einen Ziegenhirten.
62. Bei der mediterranen Gesägten Wolfsmilch (*Euphorbia serrata*) habe ich genauso ein anomales Wachstum beobachtet, ich habe bisher keine Information darüber gefunden, ob es dieselbe Pilzart oder eine Verwandte ist.
63. Zwar habe ich im Studium an einem Moos- und Flechtenkurs teilgenommen und hatte auf Ibiza die Ehre, an einer Flechtenexkursion mit der genialen lokalen Lichenologin (Flechtenkundlerin) teilnehmen zu können, aber das macht mich noch lange nicht zum Experten für Flechten.
64. Wilmanns 1989: 221. Die Autorin machte in der Jugend ein Praktikum in der Landwirtschaft.
65. Watzlawik 2000: 13.
66. Ich persönlich esse wenig Fleisch und könnte gut ohne Fleisch leben. Aber als ökologisch ausgebildeter Mensch muss ich einsehen: Es gibt Fälle, in denen der Verzehr von Fleisch einen wertvollen ökologischen Nutzen hat und man sich nicht davor drücken sollte, um ein vegetarisches Ego zu befriedigen.
67. Hiermit soll keineswegs den Pelztierfarmen das Wort geredet werden. Aber das Entlassen der Tiere in bestehende Ökosysteme, wo sie eine Bedrohung für viele Vögel sind, ist keine natur- und tierverträgliche Lösung.
68. Bekanntester Witz: »Woran erkennt man einen Veganer? Er sagt es dir.« Eine Anspielung darauf, dass man den Veganismus als Suche nach Aufmerksamkeit und Bewunderung wahrnimmt, deren Inhalt austauschbar ist.
69. Vgl. die YouTube-Kanäle »My KuhTube« und »Petutschnig Hons«.
70. Ich habe viele schöne Erfahrungen mit dem Leiten botanischer Exkursionen gemacht. Die einzigen, die sich gebärdeten, als würde die Welt ihnen gehören, die keinerlei Interesse an ökologischen Zusammenhängen und an Rücksichtnahme auf andere Menschen hatten, die nur an der Nutzung der Pflanzen, an der Ausbeutung der Natur interessiert waren, waren ein paar Veganer. Natürlich sind nicht alle Veganer so, aber als Tendenz ist es beobachtbar. Alle kamen mit dem Auto, manche sahen schwächlich aus, während ich dank ausgewogener Ernährung stark genug war, mit dem Rad zu kommen.
71. Viele Leute tun gar so, als wäre »pflanzlich« dasselbe wie »nicht tierisch«. Alles, was nicht tierisch ist, wird als »pflanzlich« umdeklariert. So findet man auf Packungen den Aufdruck »100% pflanzlich«. Dies ist schon Irreführung, sobald Wasser und/oder Kochsalz im Produkt sind, da diese sicher nicht aus Pflanzen extrahiert worden sind. Da könnte man Tierprodukte (und auch Pilze)

noch eher als »pflanzlich« durchgehen lassen, da der größte Teil ihrer organischen Substanz pflanzlichen Ursprungs ist. Nicht von ungefähr spricht man von Heumilch, Weidefleisch und Blütenhonig und erkennt damit an, dass diese Tierprodukte auch zugleich Pflanzenprodukte sind. Autotrophe Bakterien wie etwa die als »Superfood« gehandelte Spirulina (*Arthrospira spec.*) sind dagegen weder pflanzlich noch tierisch.

72. Das ist kein Scherz: Es gibt vegane Kreuzfahrten. Und die Teilnehmer – selbst wenn sie mit dem Flugzeug angereist sind – fühlen sich als Klimaschützer wegen ihrer hippen Ernährung. Viele Menschen nehmen eine vegane Kreuzfahrt als Widerspruch wahr, weil sie offenbar dem naiven Irrglauben verfallen sind, Veganismus hätte mit Klima- oder Umweltschutz zu tun. Im Grunde aber passt das gut zusammen; Veganer und Kreuzfahrer haben einiges gemeinsam: Beiden mangelt es oft an konstruktiver Interaktion mit ihrer Umgebung.
73. »Superfood« unterscheidet sich von Nahrungsmitteln hauptsächlich durch den höheren Preis, der aber nicht den Produzenten zugutekommt. Es ist sicher nichts Prinzipielles dagegen einzuwenden, als »Superfood« gehandelte Gojibeeren zu essen. Wenn aber all die Snobs, die diese nach langen Transportwegen kaufen, statt dessen (zumindest während der Saison) lokale Tomaten zum selben Kilopreis erwerben würden, wäre das für ihre Gesundheit ebenso gut, fürs Klima besser, und die Gemüsebauern hätten ein gutes Einkommen.
74. Der Wert der »Fridays for Future« als sozialer Ereignisse für junge Menschen, soll damit natürlich nicht in Abrede gestellt werden. Ob dieses Herangehen an den Klimawandel konstruktiv ist, kann man diskutieren.
75. Artikel zum Veganismus: Dudda 2015, Janzing 2016. Ein Buch, das den Horror der industriellen Fleischproduktion darstellt, aber die vegane Blase (noch) nicht als Kehrseite derselben Medaille begreift: Michel 2023. Das Buch gibt wertvolle Einblicke in Aspekte der Tierhaltung, mit Interpretationen eines einfachen Journalisten (als Ergänzung zur Praktiker- und Wissenschaftlersicht).
76. In meiner Examensarbeit ging es um Kulturwandel, genauer um die Akzeptanz exogener Neuerungen. So möchte ich daran erinnern, auch wenn es banal ist: Kulturwandel ist immer ein Zusammenspiel von bewahrenden und erneuernden Kräften, also keine komplette Neuerfindung der Kultur von null an.
77. Bankspiegel vom 11. Mai 2018. Wer Stammtischstereotypen sucht, wird in diesem Artikel gut bedient. Es ist leicht zu erkennen, dass sich der Schreiberling unter Druck sieht, einer Hipsterklientel Honig um den Mund zu schmieren und ihrem Anspruchsdenken wider besseres Wissen hehre Motive zuzuschreiben. Die Zeitschrift äußert sich oft außerhalb des Kompetenzbereichs einer Bank, in einem Stil, der die Leser wie Klein-Doofi behandelt.
78. Außer Pflanzen können es auch autotrophe Bakterien sein, die Photosynthese oder Chemosynthese betreiben. Man denke etwa an die in vielen Flechten vorkommende Bakteriengattung *Nostoc* und die nahrhafte Spirulina.
79. Empfehlenswerte Literatur von einer Expertin: Idel 2018, Idel 2021.
80. Das Methan erzeugen im Verdauungstrakt der Wiederkäuer und Termiten lebende Archaeen, also Prokaryoten, die früher zu den Bakterien gezählt wurden.

81. Zu Treibhausgasemissionen in der Tierhaltung: Idel 2021, Skinner et al. 2019.
82. Seymour 1991: 18. Der Begriff des Veganers war damals noch wenig gebräuchlich, die Veganer wurden einfach unter die Vegetarier subsumiert.
83. Für den landwirtschaftlich und touristisch geprägten Kanton Graubünden habe ich das schon in einem anderen Buch erläutert: Janzing 2021: 68f.
84. Wer in die Müllcontainer der Supermärkte schaut, kann sehen, wie viel Essen durch Wegwerfen vergeudet wird. Wer Essen aus Containern herausholt, macht sich des Diebstahls schuldig und kann bestraft werden. Ist das nicht eine ressourcenverachtende Rechtslage? Typisch für eine verwöhnte Wohlstandsgesellschaft, die das Essen allzu billig bekommt: Nicht diejenigen werden bestraft, die Essen in den Müll werfen, sondern diejenigen, die es retten.
85. Ein aufschlussreicher Artikel zum Herdenschutz, der viele Schwierigkeiten aufzeigt: Hösli/Hahn 2015 (auch online zu finden unter zalp.ch).
86. Ich kenne einen Ziegenbetrieb, der ein Lama zum Schutz vor Wölfen anschaffte. Aber er hat mittlerweile zusätzlich einige Herdenschutzhunde. Ein Artikel, der sich pro Herdenschutzlamas ausspricht: Herger 2019.
87. Man vergleiche Kartoffelkäfer in Kartoffeläckern oder Auberginenbeeten; die kann man nicht einfach gewähren lassen. Das ist kein Moralurteil, ob sie gut oder böse sind. Man kann sich nicht beliebige Ernteeinbußen leisten.

Literatur

Andreae, Bernd (1984): Allgemeine Agrargeographie. Berlin.

Benecke, Norbert (1994): Der Mensch und seine Haustiere. Die Geschichte einer jahrtausendealten Beziehung. Stuttgart.

Binz, August & Christian Heitz (1991): Schul- und Exkursionsflora für die Schweiz. Basel. 19. Aufl.

Böhmer-Bauer, Kunigunde (1992): Maasai – Viehzucht. In: Rogg/Schuster (Hrsg.): S. 212f.

Bollig, Michael & Michael J. Casimir (1993): Pastorale Nomaden. In: Schweizer, Thomas, Margarete Schweizer & Waltraud Kokot (Hrsg.): Handbuch der Ethnologie. Berlin. S. 521-559.

Bonner, Antoni (2004) Plantes de les Balears. Palma de Mallorca. 10. Aufl.

Bozon, Pierre (1983): Géographie mondiale de l'élevage. Paris.

Carigiet, Alois (2018): Zottel, Zick und Zwerg. Eine Geschichte von drei Geissen. Zürich. 23. Aufl.

Dietl, Walter (2017): Der Nährstoffkreislauf der Alpweiden. In: zalp 28: 8f.

Dudda, Eveline (2015): Der vegane Ritt auf dem schlechten Gewissen. In: zalp 26: S. 30f.

- (2016): Kuhglockenstudie: Viel Lärm um wenig Krach. In: zalp 27: S. 50-52.

Dymanski, Ulrich (1986): Selbstversorgung durch Ziegenhaltung. Der Ratgeber für Aufzucht, Pflege, Nutzung. Stuttgart. 3. Aufl.

Ehrendorfer, Friedrich (1991): Geobotanik. In: Strasburger, Eduard (Begründer): Botanik. 33., neu bearbeitete Aufl. (1. Aufl. 1894): S. 829-932.
Gareis, Iris (1992): Lama- und Alpacazüchter im Hochland der Anden. In: Rogg/ Schuster (Hrsg.): S. 322f.
Goebel, Bernhard (2013): Kuhglocken und Käsekelle gegen Massentierhaltung und Agrarindustrie. In: zalp 24: S. 56f.
Goldau, Axel (2011): Zur Natur- und Kulturgeschichte der Rinderartigen (Bovidae). In: Kritische Ökologie 26 [1/2]: S. 5-30.
Gröhn-Wittern, Ursula (2010): Agrobiodiversität, der Klimawandel und Farmers' Rights: Drei, die zusammen gehören. In: Kritische Ökologie 25 [2]: S. 16-21.
Harris, Marvin (1985): Wohlgeschmack und Widerwillen. Die Rätsel der Nahrungstabus. Stuttgart.
Haudricourt, André G. & Mariel Jean-Brunhes Delamare (1955): L'homme et la charue à travers le monde. Paris.
Heiligenstädt, Tabea & Eva Schlecht (2022): Wanderweidewirtschaft gegen Wüstenbildung. In: Oya 67/2022.
Herger, Valeria (2019): No probLAMA here! In: zalp 2019: S. 48f.
Hirschberg, Walter (Hrsg. 1988): Neues Wörterbuch der Völkerkunde. Berlin.
Hofinger, Erika (1988a): Kamele. In: Hirschberg (Hrsg.): S. 243.
- (1988b): Schaf. In: Hirschberg (Hrsg.): S. 415.
- (1988c): Ziege. In: Hirschberg (Hrsg.): S. 533.
Hofinger, Erika & Alfred Janata (1988): Milch. In: Hirschberg (Hrsg.): S. 311-312.
Hösli, Giorgio & Felix Hahn (2015): Rechtliches zum Herdenschutz. In: zalp 26: S. 60f.
Idel, Anita (2018): Die Grasfresser wieder zu Landschafts-Gärtnern machen. In: Oya (Lassan) 50/2018.
- (2021): Die Kuh ist kein Klima-Killer! Wie die Agrarindustrie die Erde verwüstet und was wir dagegen tun können. Marburg. 8. Aufl.
Janata, Alfred (1988a): Halbnomadismus. In: Hirschberg (Hrsg.): S. 199.
- (1988b): Nomadismus. In: Hirschberg (Hrsg.): S. 343f.
- (1988c): Transhumanz. In: Hirschberg (Hrsg.): S. 485.
Janzing, Gereon (1997a): Die Huftierhaltung im Andenhochland Ekuadors. In: Kritische Ökologie 15 [1]: S. 7-15.
- (1997b): Die Halbnomaden von Saraguro. In: Kritische Ökologie 15 [1]: S. 16f.
- (1998): Otavaleños und Saraguros. Globalisierung führt nicht nur zum Untergang von Ethnien, sondern auch zu deren Neuentstehung – zwei Beispiele aus Ecuador. In: Kritische Ökologie 3/1998: S. 46-48.
- (2000): Ein Sommer auf der Alp. Als Rinderhirt und Geißenmelker in Graubünden. In: Kritische Ökologie 16 (2) 2000: 33-37.
- (2001): Käsekulturen – die Geschichte ihrer Verwendung. In: zalp 2001: S. 7f.
- (2006): Kannibalen und Schamanen. Verbreitete Irrtümer über fremde Völker und Kulturen. Löhrbach.
- (2008): Ethnologie, die Wissenschaft von den Menschenfressern. Kannibalismus. In: Cargo, Zeitschrift für Ethnologie 4/2008: S. 78-81.

- (2011): La circulación del carbono. In: Greenheart Guide (Ibiza) 8/2011: S. 4.
- (2013): Ziegenhaltung und Milchverarbeitung. In: Kritische Ökologie 80 (Sommer 2013): S. 15-20
- (2014): Nos entendemos en Ibiza. Ibiza.
- (2016): Veganismus – Interessen und Folgen. Der Verzicht auf tierische Produkte bremst nicht nur die Massentierhaltung, sondern auch den Ökolandbau. In: Umwelt aktuell 6/2016: S. 6f.
- (2017): Pflanzliches Lab. In: zalp 28: S. 56f.
- (2019): Ökosystem Alp. In: zalp 30: S. 50f.
- (2021): Kauderwelsch Band 197: Rätoromanisch (Surselvisch). Bielefeld. 6. Aufl.

Köhler, Ulrich & Stefan Seitz (1993): Agrargesellschaften. In: Schweizer, Thomas, Margarete Schweizer & Waltraud Kokot (Hrsg.): Handbuch der Ethnologie. Berlin. S. 561-592.

Krumenacker, Thomas (2022): Graslandschaften, die unterschätzten Alleskönner. In: Spektrum.de 4.8.2022.

Künkler, Nora (2020): Exotische Huftiere im Einsatz für die Artenvielfalt: Wasserbüffel pflegen Naturschutzgebiet Moosmühle. In: News der Heinz Sielmann Stiftung. 12.6.2020.

Kusztrich, Imre (1988): Haustiere helfen heilen. Tierliebe als Medizin. Genf.

Leser, Hartmut, Hans-Dieter Haas, Thomas Mosimann & Reinhard Paesler (1992): Wörterbuch der Allgemeinen Geographie. München u. Braunschweig. Band 1.

Marí, Vicent (2011): El formatge pagès. In: Món rural (Ibiza) 2011: S. 2-4.

Michel, Stefan (2023): Fleisch fürs Klima. Ein neuer Blick auf Artenschutz, Tierhaltung und nachhaltige Ernährung. München.

Müller, Hans Joachim (1984): Ökologie. Jena.

Müller, Robert (1903): Die geographische Verbreitung der Wirtschaftstiere mit besonderer Berücksichtigung der Tropenländer. Leipzig.

Oberdorfer, Erich (1990): Pflanzensoziologische Exkursionsflora. Stuttgart. 6. Aufl.

Ortiz, Isabel (Red. 2017): Quesos de España. Madrid.

Pagot, Jean (1992): Animal Production in the Tropics. London u. Basingstoke.

Plaza Lasso, Galo (1957): Posibilidades ganaderas del Ecuador. In: Unión Nacional de Periodistas (Hrsg.): Problemas de la Patria. Quito: S. 15-34.

Renner, Edmund (1988): Lexikon der Milch. München.

Ribbe, Lutz & Hubert Weiger (1991): Bauernhof statt Agrarfabrik. Landwirtschaftliches Grundsatzprogramm. BUNDpositionen 8. Bonn.

Riese, Frauke und Erika Hofinger (1988): Lama. In: Hirschberg (Hrsg.): S. 280.

Rogg, Inga & Eckard Schuster (Hrsg. 1992): Die Völker der Erde. Kulturen und Nationalitäten von A-Z. Gütersloh u. München.

Sambraus, Hans Hinrich (1994): Atlas der Nutztierrassen. 250 Rassen in Wort und Bild. Stuttgart. 4. Aufl.

Scholz, Fred (1994): Nomadismus – Mobile Viehhaltung. Formen, Niedergang und Perspektiven einer traditionsreichen Lebens- und Wirtschaftsweise. In: Geographische Rundschau 2/1994: S. 72-78.

Schühly, Wolfgang, Ulrike Riessberger-Gallé und Javier Hernández López (2021): Sublethal pesticide exposure induces larval removal behavior in honeybees through chemical cues. In: Ecotoxicology and Environmental Safety 228.
Schultz, Jürgen (1988): Die Ökozonen der Erde. Stuttgart.
Seiwert, Wolf-Dieter (2013): Kamele und Kamelmilch in der zentralen und westlichen Sahara. In: Kritische Ökologie 28 [1]: S. 21-30.
Seymour, John (1976): The Complete Book of Self-Sufficiency. London.
- (1991): Das große Buch vom Leben auf dem Lande. Ein praktisches Handbuch für Realisten und Träumer. Ravensburg. Aus dem Englischen von Irmgard Kneißler, Uwe Lindemann, Renate Müller und Wilfried Sons.
Skinner, Colin, Andreas Gàtter et al. (2019): The impact of long-term organic farming on soil-derived greenhouse gas emission. In: Nature 8.2.2019.
Spedding, C. R. W. (1975) The Biology of Agricultural Systems. London u. a.
Stewart, Norman R., Jim Belote and Linda Belote (1976): Transhumance in the Central Andes. In: Annals of the Association of American Geographers 66: 377-397.
Turza, Jana (1992): Rentierhalter nördlich des Polarkreises. In: Rogg/Schuster (Hrsg.): S. 328f.
Wallenberger, Manon (2017): Wonne aus Wolle. In: zalp 28: S. 58f.
Wallmeyer, Christian (2015): Schriftliche Hausarbeit zur praxisbezogenen Aufgabe bei der Meisterprüfung im Molkereifach: Käseherstellung unter Verwendung des Labaustauschstoffes »Galium« aus Cynara cardunculus L. Wangen.
Watzlawik, Paul (2000): Anleitung zum Unglücklichsein. München (1. Aufl. 1983).
Weigmann, H. (1933): Handbuch der praktischen Käserei. 4. Auflage. Berlin.
Weissleder, Wolfgang (1981): Beduinen. In: Wolfgang Lindig (Hrsg.): Völker der Vierten Welt. München u. a.
Wilmanns, Otti (1989): Ökologische Pflanzensoziologie. Heidelberg u. Wiesbaden. 4. Aufl. (1. Aufl. 1973).
Zietz, Rouven (2019): Düngung: Gärreste statt Gülle einsetzen. In: Agrar heute 30.7.2019.

In eigener Sache

Ich betreibe die folgenden Websites:

- Tipps zur Selbstversorgung und Erklärungen zur Ökologie: mitfreudeselbermachen.info
- Geobotanik von Ibiza und Formentera: www.geobotanicapityusa.es (viersprachig)

und den folgenden Videokanal:

- YouTube: Ziegen, Käse und bunte Biozönose www.youtube.com/channel/UC5ED6HGV4e6xv0TmeKoWXhg (www.youtube.com/@wissenschaftenundpraxishan1952)

Stichwortregister

In diesem Register sind deutsche Pflanzennamen meist nur als Gattungsnamen aufgeführt, etwa Weißklee als »Klee«, Taube Trespe als »Trespe«, da Botaniker ohnehin eher unter den botanischen Namen suchen.